FORMOSA TEA

怎樣泡一杯純紅茶

世界紅茶始祖武夷正山小種紅茶揭祕

鄒新球◆主編

本書編委會

主　編　鄒新球

　　　　（福建武夷山國家級自然保護區管理局副局長）

編　委　郭雯飛

　　　　（博士、高級評茶師、浙江大學化學系副教授）

　　　　金昌善

　　　　（福建武夷山國家級自然保護區管理局高級工程師）

　　　　江元勳

　　　　（福建武夷山自然保護區元勳茶廠廠長）

　　　　傅連新

　　　　（福建武夷山自然保護區桐木茶廠廠長）

繁體版出版說明

中國農業出版社總編　傅玉祥

　　茶，自成為中國之國飲，已千年有餘。迄今為止，尚無一種植物如茶那樣，與人類的社會生活聯繫的如此緊密，對華夏文化的發展產生過如此巨大的影響。

　　改革開放以及市場經濟的推動，使以茶為物件的生產、科研及文化的發展，又有了長足的進步。為滿足廣大讀者對茶文化知識的渴求，中國農業出版社邀請在生產、科研及文化領域內有較深造詣的專家聯手編寫了《中國茶文化叢書》，叢書內容涉及茶文化的起源與發展，飲茶與健康，名山出名茶，名泉名水泡好茶，各民族的飲茶習俗，茶樓茶藝，茶具與名壺，茶詩茶畫，茶膳等方面。

　　臺灣宇河文化出版有限公司，在茶文化圖書的出版上的認識與我社略同，經雙方協商，我社授權宇河文化，在臺灣出版發行《中國茶文化叢書》的繁體字版，旨在推動兩岸茶文化的交流。

茶與生活的對話

宇河文化編輯室

　　茶的歷史，幾乎與埃及金字塔一樣悠久。

　　在人類歷史發展的長河中，可以說茶是一直伴隨著我們的祖先從原始社會走向文明的現代社會。使得茶不但成為人們物質生活的必需品，更重要的是提供了精神生活上的一大享受，還成就中華文化藝術的一種品賞功效。因此，逐漸形成了茶禮、茶德、茶道、茶俗，甚至於茶會、茶禪、茶食等一整套生活習慣和風俗民情。

　　茶本身除有其獨特的功效（如提神益思、消乏止渴、除膩減肥、利尿解毒等）外，味濃香永，清碧潤澤，只須一灶一水，便可給人帶來清爽的香氣、鮮醇的滋味和爽心悅目的天然色澤，人人皆可輕鬆享受茶的潤澤。

　　許多文人墨客、風雅之士，為後人留下了許許多多與茶相關的詩詞、歌舞、戲曲、神話等文學藝術作品，構成了豐富而多采的中國茶文化的主要內容，使得茶文化成了

中國傳統文化的重要組成要素。

　　自從茶被中國人發現並加以利用後，人們飲茶已由茶飲、禮飲而逐漸變成一種欣賞與嗜好，更大大的超過了飲茶只是解渴的範疇。唐代茶神陸羽就認爲，茶並非僅只是一般止渴的飲料，而是一種具有生理作用和藥理功能的絕佳提神良品。

　　茶是我們的最好朋友，與茶對話，豐富了我們的生命內涵。捧一碗茶，除了甘甜解渴，更可讀人生。

　　白居易詩：「或吟詩一章，或飲茶一甌；身心無一繫，浩浩如虛舟。富貴亦有苦，苦在心危憂；貧賤亦有樂，樂在身自由。」

　　因緣中華子孫對於茶的特殊情感，也爲茶文化的推廣與傳承，多年來宇河文化投注很多心力用心耕耘，在「茶」的出版規劃上，提供了許多雅俗共賞，趣味與專業並蓄的好書，帶給廣大讀者完整的茶知識與茶哲學。

　　未來，我們仍將一本初衷。邀請您和我們一起進入美麗多彩的茶的世界。

前　言

　　茶是風靡世界的三大無酒精飲料（茶、咖啡和可可）之一。中國是世界上最早發現和利用茶樹的國家。世上最早發現並利用茶的人據說是神農氏，相傳在公元前 2737 年，距今 5000 年。中國茶葉分布的地區廣，而且茶葉的品種也多。在中國的三大茶類中，不發酵的綠茶歷史最為悠久，而全發酵的紅茶和半發酵的烏龍茶的歷史才數百年。然而武夷山人傑地靈卻有幸成為中國三大茶類中紅茶和烏龍茶的發源地，在中國茶葉史中擁有顯赫的地位。烏龍茶類中的武夷岩茶在中國名茶中名列前茅，而中國紅茶的始祖正山小種（Lapsang Souchong）紅茶則鮮為人知，但它卻是牆內開花牆外香。正山小種傳進英國以後英國人賦予紅茶優雅的形象及豐碩華美的品飲方式，長期以來形成了內涵豐富的紅茶文化，更將紅茶推廣成國際性的飲料，目前在國際茶葉貿易中，紅茶佔據貿易量的 85 ％以上。

　　然而中國人卻對正山小種紅茶的歷史知之不詳，對它的起源時間還頗有爭議。為了釐清這一歷史真相，武夷山

自然保護區管理局十分重視，成立《武夷正山小種紅茶史研究》課題組。由筆者負責（文字工作均由鄒新球負責，金昌善先生負責圖片、攝影和部分資料索引）。試就正山小種紅茶的起源、起源的時間及其傳播的途徑做一探索。

在此基礎上，由郭雯飛撰寫第八章，江元勳、傅連新先生提供生產工藝等資料，集成此書。

本書是建立在閱讀了大量的現存史料和茶史界關於茶類起源的文章的基礎上，對資料進行歸類分析的結果。對古代茶史資料依據的主要是《中國茶文化經典》和《中國茶經》及其他一些比較可靠嚴謹的茶史研究資料。在分析紅茶起源的時間時，主要採取從明代起逐步排除不可能的年代向前逼近。另外在現有關於紅茶出現年代的原始記載中逐步往後推。這種兩頭逐步逼近的辦法，把小種紅茶出現的時間大致鎖定在 1610 年以前，1567 年出現松蘿茶製法，其後又被引進武夷山的約 40 多年之間的範圍內。

例如在《中國茶文化經典》中，把曾被認為是中國出現「紅茶」文字最早的記載，明・劉基著的《多能鄙事》之文，與同為明代的宋詡（生卒年月不詳）著的《竹嶼山房雜部》卷二十二內的文章內容進行比較，發現兩篇文章

從文字到內容都有驚人的雷同，且前文的「紅茶」二字，在後文中記為「江茶」。又針對文中的「紅茶」加酥添水攪和出現了不可能出現的「雪白」現象，所以應疑文中的「紅茶」實為「江茶」之誤。也即排除了《多能鄙事》中關於紅茶的真實性，從而也論證了吳覺農先生在《茶經述評》中引述清代編纂的「四庫全書」稱《多能鄙事》為偽托。因此排除在明初出現紅茶的可能性。明中期在武夷山「茶久荒」，生產的芽茶僅供宮中「浣濯甌盞」，茶葉生產持續低潮，也排除出現紅茶的可能性。最有可能出現紅茶的時期便是明後期，特別是引進松蘿茶製法之際，在文字記錄中首次出現湯色紅赤的發酵茶特徵。這時期便應是全發酵紅茶出現的初始階段。另外在查閱中國現有關於武夷正山小種紅茶的記載中，《清代通史》卷二應是最早的，它清楚地記載了武夷正山小種紅茶在明崇禎十三年（1640年）由荷蘭人傳入英國。那麼紅茶傳入荷蘭應更早。經查證荷蘭人商船1601年首次來到中國，那麼他們最早把紅茶傳入歐洲，有說是1607年從澳門，有說是1610年從印度尼西亞的巴達維亞。經對資料的分析，認為1610年荷蘭人在巴達維亞與乘10～11月季風從廈門發船駛往巴城的漳泉商人貿易時把武夷紅茶傳往歐洲最有可能。因此

把武夷正山小種紅茶起源的時間圈定在 1567～1610 年之間是符合史實的。

關於史料中出現的一些茶名，其所表達的茶類和現時是有很大的不同的。有時同一個茶名在不同的時期會有不同的含義，或代表不同的茶類。特羅列予以說明：

1.「武夷茶」的含義便有幾種：

(1)武夷山所產的茶：是武夷山所產的烏龍茶（其中含武夷岩茶）、紅茶和其他茶的總稱。

(2)武夷紅茶：17 世紀正山小種紅茶傳到海外，因產之武夷山故稱其為 BOHEA TEA（武夷茶），專指武夷紅茶。

(3)中國紅茶的總稱：在 18 世紀之前，中國尚無其他紅茶出現，因此武夷山所產紅茶（含正山小種紅茶），福建省其他地方仿製的紅茶都稱武夷紅茶，同時也成為中國紅茶的總稱。

由於「武夷茶」的含義較多，所以它很容易和武夷岩茶、武夷紅茶、武夷綠茶的含義混淆。實際上在外銷茶中武夷茶在 17 世紀指的是正山小種紅茶，18 世紀後主要指

的是武夷紅茶（含正山小種紅茶），也兼有指武夷岩茶。

2.「正山小種」：最早稱小種紅茶，早期國外因之產於福建武夷山，稱其為 BOHEA TEA（武夷茶）。1853 年福州港開埠後，正山小種均從福州港外銷。為區別於 19 世紀 60 年代出現的閩東工夫紅茶，國外按福州地方口音稱正山小種為 Lapsang Sonchong，意即松材煙燻小種，英國大不列顛百科全書稱該名詞出現於 1878 年。因正山所涵蓋的範圍除桐木村以外還包括周邊的江西鉛山縣的石隴鄉、邵武的觀音坑、光澤的乾坑、司前、建陽的坳頭，範圍達 600 平方公里。那麼本文研究的是產於武夷山星村鎮桐木村的正山小種。同時為了區別其他正山地區所產的紅茶，特冠以「武夷正山小種紅茶」。

3.「小種茶」：有指紅茶，也有指武夷岩茶中品種茶。17 世紀時指的是正山小種紅茶。

4.「白毫茶」：有的指白茶，有的指紅茶，在 17 世紀及 18 世紀初期指武夷紅茶中的一個品種。

5.「工夫茶」：在 17 世紀初出現的工夫茶指的是武夷紅茶的一個品種。與 19 世紀中後期出現的工夫紅茶不同。

　　關於史料中出現的「紅茶」、「紅茶數量」，依據正山小種紅茶在各個時期的擴散和發展，把17世紀在史料中出現的外銷的紅茶都認定為正山小種紅茶（因為在17世紀除了正山小種紅茶外，尚未出現過其他任何一種紅茶），紅茶的數量都認定為正山小種紅茶數量。在18世紀外銷的紅茶，包括福建省其他地區仿製的紅茶都認定為「武夷紅茶」含正山小種紅茶（因為在18世紀中國福建外尚未出現外銷的紅茶），紅茶數量都歸為武夷紅茶的數量。19世紀外銷的紅茶比較複雜，各產茶省外銷的紅茶都有自己的品牌。19世紀中後期閩東工夫紅茶出現，武夷紅茶也不能代表福建的紅茶了。自此武夷紅茶均指產自武夷山的正山小種紅茶。

　　正山小種之所以能成為一代名茶，絕不是偶然的，是由它自身的優異品質和特殊的環境造就的。在基本弄清正山小種起源的時間和傳播的途徑後，本書還專門就正山小種產地的自然環境，又環境進行了調研，對它的特殊製造工藝、沖泡技術進行了介紹，還首次組織了對它的品質化學特徵進行分析，使我們對它的成長環境和內在優異品質有了一個較為全面的瞭解。

　　本課題前後歷時已有三年多，雖竭盡愚鈍，全力以赴，但由於作者學識淺陋，所論難免有許多謬誤之處，敬請專家指正，在寫作本文的過程中得到杭州茶葉研究院駱少君院長的悉心指導、武夷山市黃賢庚先生的大力幫助，在此謹表衷心的感謝。

鄒新球

2005 年 9 月 28 日夜

目　　錄

第一章

紅茶的特點和飲用方法

一、茶葉的分類

中國茶葉種類繁多，命名也五花八門，有的根據形狀命名，有的結合山川名勝命名，也有根據外形色澤或湯色命名，也有的根據茶葉加工時發酵的程度加以區分，如發酵茶（紅茶）、半發酵茶（烏龍茶）和不發酵茶（綠茶）等。

按照《中國茶經》對於茶葉的分類，中國的茶葉可分爲基本茶類和再加工茶類兩大部分。基本茶類包括綠茶、紅茶、烏龍茶、白茶、黃茶、黑茶。再加工茶類包括花茶、緊壓茶、萃取茶、果味茶、保健茶、含茶飲料。

(一)基本茶類

1.綠茶：是中國產量最多的一種茶葉，中國各產茶省都有生產綠茶。每年出口的綠茶佔世界茶葉市場綠茶的貿易量的70%左右。綠茶的基本特徵是葉綠湯青。綠茶的加工工藝流程分爲殺青、揉捻、乾燥三個步驟。殺青方式有加熱殺青和熱蒸氣殺青。採摘的鮮葉經殺青後再經過揉捻工序，最後依照乾燥工序的不同，最終炒乾的綠茶稱炒青綠茶，最終烘乾的綠茶稱烘青綠茶，最終曬乾的綠茶稱曬

青綠茶。綠茶中的「明前茶」和「雨前茶」，是在每年清明和穀雨兩個節氣前採摘的嫩芽幼葉製成，品質最好，著名的綠茶品種有杭州的龍井、蘇州的碧螺春、江西婺源的婺綠、安徽屯溪的屯綠等。

　　2.紅茶：紅茶的基本特徵是紅茶紅湯。紅茶在國際茶

葉貿易量中佔80%以上。19世紀80年代以前中國產的紅茶在國際市場上曾佔統治地位。中國紅茶最早出現的是福建崇安桐木村一帶產的小種紅茶，以後發展演變產生了工夫紅茶。19世紀中國的紅茶製法傳到印度和斯里蘭卡等國，它們仿效中國紅茶的製法，又逐漸發展成為葉片切碎後再發酵、乾燥的「紅碎茶」，現在紅碎茶是世界上消費量最大的茶類。

紅茶的基本工藝流程是萎凋、揉捻、發酵、乾燥。紅茶的紅葉紅湯特徵是經過發酵以後形成的，著名的品種有武夷山正山小種紅茶（Lapsang Souchong）、安徽的祁門紅茶、雲南的滇紅、江西的寧紅。

3.烏龍茶：烏龍茶屬半發酵茶，是介於不發酵茶（綠茶）與全發酵茶（紅茶）之間的一類茶葉，因其外形色澤青褐，也稱它為「青茶」。其加工工藝流程是鮮葉採摘後經過曬青萎凋，反覆數次搖青待葉片部分發酵變紅，然後經過高溫鍋炒、揉捻、乾燥而成。烏龍茶沖泡後葉片上有紅有綠，典型的烏龍茶如武夷岩茶，葉片中間呈綠色，葉緣呈紅色，素有「綠葉紅鑲邊」之美稱。湯色黃紅，有天然花香，滋味濃醇。

　　烏龍茶主產中國福建、廣東、武夷山一帶，及台灣，主要有武夷岩茶、閩北水仙、閩北烏龍。以武夷岩茶最爲著名，岩茶的花色品種很多，多以茶樹品種名稱命名。最著名的有「大紅袍」、肉桂、水仙。閩南烏龍產於福建南部，主產地福建安溪。著名的品種有「鐵觀音」。廣東烏龍以潮州產的鳳凰單樅最爲有名。台灣烏龍以凍頂烏龍著名。

　　4.白茶：白茶屬於輕發酵茶。基本工藝流程是萎凋、曬乾或烘乾。白茶選用的茶葉上白茸毛多，製成的成品茶滿披白色茸毛，湯色清淡。主產於福建省的福鼎、政和、松溪和建陽等地。

　　5.黃茶：其品質特點是「黃湯黃葉」。其工藝流程是鮮葉殺青、揉捻後經過堆積悶黃，再炒，再堆積悶黃，然後烘焙乾燥。著名的品種有湖南岳陽的君山銀針、安徽的霍山黃芽、四川的蒙頂黃芽等。

　　6.黑茶：黑茶的原料較粗老，製作的過程中堆積發酵的時間較長，葉色油黑故稱黑茶。黑茶主要供邊區少數民族飲用，又稱邊銷茶。黑茶依產地有湖南黑茶、湖北老黑茶、四川邊茶及滇桂黑茶等。雲南普洱茶和廣西六堡茶是

特種黑茶，品質獨特，香味以陳爲貴。

橙紅亮麗、沁人心脾的正山小種紅茶

㈡再加工茶類

綠茶、紅茶、烏龍茶、白茶、黃茶、黑茶是基本茶類，以這些基本茶類作原料進行再加工以後的產品統稱再加工茶類。

1.花茶：用茶葉和香花進行拼和窨製，使茶葉吸收花

香而製成的香茶，也稱薰花茶。花茶因窨製的香花不同分
為茉莉花茶、白蘭花茶、珠蘭花茶、桂花香茶等品種。以
茉莉花茶產量最多、最常見。主產區有中國福建、江蘇、
浙江、安徽、四川、湖南、廣東、廣西及台灣等地。主銷
區為中國北方。

　2.緊壓茶：各種散茶經再加工蒸壓成一定形狀而製成
的茶葉稱緊壓茶，如磚茶、雲南普洱茶。

　3.萃取茶：用熱水萃取茶葉中的可溶物，過濾後獲取
茶湯，再經過濃縮，或者乾燥，製成液態的茶飲料或固態
的速溶茶。

　4.果味茶：是在茶中加入果汁製成茶飲料，如檸檬紅
茶、橘汁茶等。

　5.藥用保健茶：在茶中加入中草藥，加強茶的防病、
治病功效，如杜仲茶、絞股藍茶等。

　6.含茶飲料：在飲料中添加各種茶汁，增加飲料的保
健功效，如茶可樂、牛奶紅茶等。

二、紅茶的特色和種類

　　紅茶茶葉中含有多種水溶性化學物質，包括茶多酚、咖啡鹼、醣類、氨基酸、蛋白質、果酸質、芳香物質等。紅茶的湯色呈鮮紅或橙紅，是因為茶葉中的兒茶素在發酵過程中，轉化成茶黃素和茶紅素。茶黃素為黃色，茶紅素呈紅色，這種色素一部分能溶於水，沖泡後形成了紅色的茶湯，一部分不溶於水，積澱在葉片中，使葉片變成紅色，形成了紅茶的紅湯紅葉。

　　作為茶葉原料的鮮葉，其中香氣成分的種類不多，但經過加工後，香氣的成分種類大量增加，例如綠茶香氣成分種類是鮮葉所含種類的2倍，具有110種氣成分，而紅茶所含種類是鮮葉的6倍，具有325種香氣成分。

　　茶葉在發酵時產生複雜的化學變化，使得茶葉中產生許多芳香物質，其中醛類、醇類、酮類、酯類等主要成分，都具有果香或花香，所以紅茶常帶這類甜香味。質地優良的紅茶，應該具有濃烈純正的香氣，如正山小種紅茶就具有桂圓的香味。一般來說印度、錫蘭（斯里蘭卡）的紅茶比較濃郁具有刺激性，中國紅茶則香味較清高甜淡，所以中國人喝紅茶以清飲為主，西方人則在茶中加入砂

糖、牛奶，使口感更豐富。

　　紅茶的主要品種有小種紅茶、工夫紅茶和紅碎茶三大類。

　　小種紅茶：是福建省特有的一種紅茶，紅湯紅葉，有松煙香，味似桂圓湯。產於福建崇安縣（現武夷山市）星村鎮桐木村的稱「正山小種」，其毗鄰地區的稱「外山小種」。品質以正山小種最好。小種紅茶特有的松煙香，是用松柴燃燒煙燻焙乾時，茶葉吸收了大量的松煙而形成的香味。

　　工夫紅茶：是由小種紅茶演變而發展起來的。主要產地是皖、滇、閩、鄂、湘、贛、川等10多個省（區）。其中著名的有產於安徽祁門一帶的「祁紅」，它的外形條索細緊，具有類似玫瑰花香；產於雲南的「滇紅」，其外形肥壯，顯金黃毫，湯色紅艷。

　　紅碎茶：是國際市場上消費量最大的茶類。它是茶葉經萎凋、揉捻後，用機器切碎呈顆粒型碎片，然後經發酵、烘乾而製成，因外形細碎而稱紅碎茶。紅碎茶主產於印度和斯里蘭卡，是在中國的紅茶製作技術傳到印度和斯里蘭卡後逐漸仿製發展而成。

三、紅茶的產地及輸出國

適合於栽種茶樹的地區為熱帶和亞熱帶。其生長的自然條件大致為：日照充足適度，年降雨量1000～3000毫米，相對濕度80%左右，年平均氣溫10°C以上，海拔2000米以下的山地和丘陵的酸性土壤。茶樹的種類大致可分為熱帶性的大葉種和溫帶性的小葉種。大葉種的代表是阿薩姆種，它的採收量相當高，小葉種的代表則是中國種，它的特點是耐寒性極佳。

印度、斯里蘭卡、肯尼亞、中國為世界四大紅茶生產國。英國雖不出產紅茶，但憑藉經營茶葉拍賣市場及高超的混合技術，是品牌紅茶的一大輸出國。

印度的紅茶產地主要分布在東北部和南部。產於喜馬拉雅山麓的是以獨特香氣知名的大吉嶺紅茶，產於恒河阿薩姆河谷的是以濃烈味道著稱的阿薩姆紅茶。印度的紅茶生產量是世界第一，同時也是世界第一的紅茶消費大國，2002年的紅茶產量約82.6萬噸，出口19萬噸，每年大約消費60萬噸的紅茶。

斯里蘭卡是個島國，2002年產紅茶30.01萬噸，其中九成外銷到世界各地，是數一數二的紅茶輸出大國。著名的

有高地紅茶，以湯色橙紅明亮、香氣優雅的烏沃茶最著名。

肯尼亞是20世紀後半期才開始急速發展的新興紅茶產區，2002年紅茶產量約為28.7萬噸，九成以上出口。位於非洲大斷層東側的肯尼亞高原，由於日照豐富，土壤肥沃，這裏所產的紅茶以茶色優美、味道濃而甘醇、口感清新而著稱。

中國是茶的故鄉，不僅飲茶的歷史悠久，還擁有豐富多彩的各式茶種，2002年茶葉產量74.5萬噸，其中大部分是綠茶。紅茶的產量約為4萬噸，幾乎全部外銷。中國的紅茶甘鮮醇厚，湯色紅亮，香氣雋永。主要的紅茶產區，在閩、粵、桂、滇、黔、川、湘、皖、贛、浙、鄂、蘇、海南及台灣等都有分布，其中以正山小種、祁紅、滇紅最著名。產於桐木的小種紅茶，主要有兩個品種，一種是正山小種，它是以松柴燃燒加熱萎凋和乾燥烘焙的傳統工藝製作，具有高山韻和桂圓乾香味，湯色澄紅，其味甘醇，宜清飲。另一種是煙正山小種紅茶，它是正山小種原料經過松茗煙燻後，形成特有的濃醇松茗煙香和桂圓乾香，其味濃烈，具有刺激性。

四、紅茶的保健作用

人們經過長期飲用茶葉證明，飲茶不僅能健身延年，而且能夠預防疾病，茶被公認為是最好的保健飲料。

1.紅茶的主要成分和藥理功能

茶的鮮葉包含75％左右的水分及25％左右的乾物，在乾物中的化合物包括不可溶的蛋白質、澱粉、粗纖維和可溶的酚性物、醣類、嘌呤鹼類、氨基酸、維生素、芳香物質、礦物質等。不同的茶樹品種、生長環境、生長季節、茶葉部位、製作技術等因素均會影響各成分的比重。就紅茶而言，它與人體健康密切相關的主要成分有：

多酚類化合物：又稱茶多酚，可溶性多酚類化合物在紅茶中的含量約為乾重的10％～20％，其中以兒茶類化合物含量最高，約佔茶多酚總量的70％。這是茶葉藥效的主要活性成分。它具有防止血管硬化、防止動脈弱樣硬化、降血脂、降血壓、降血糖、消炎抑菌、防輻射、延緩老化等效用。

嘌呤鹼類：包括咖啡鹼、茶鹼、可可鹼等，約佔紅茶

的4%左右，三種生物鹼的功能相似，咖啡鹼是一種中樞神經的興奮劑，因此具有提神的作用，但它與游離態的咖啡鹼不同，無致畸、致癌、致突變的作用。

芳香物質：紅茶中的芳香物質約佔100~300毫克/千克，多達325種，具有除口腔腥臭、抑菌、消炎、寧神、鎮痛的作用。

氨基酸：氨基酸是人體必須的營養成分，紅茶中谷氨酸有助於降低血氨，治療肝昏迷。蛋氨酸能調整脂肪代謝。

其他元素：紅茶中的氟對於防齲齒和防治老年骨質疏鬆有明顯效果，鉀有助於降低血壓。

2.紅茶的療效作用

提神消疲：紅茶中的咖啡鹼能刺激大腦皮質來興奮神經中樞，促成提神，思考力集中，記憶力增強，因此在疲乏時喝一杯紅茶，能刺激機能衰退的大腦中樞神經，使之由遲緩轉為興奮，集中思考力，達到消除疲勞的效果。

雖然咖啡鹼對胃有刺激性，但因為紅茶中的咖啡鹼常

　　與兒茶素及其氧化物形成結合物，在胃內酸性環境中失去咖啡鹼原有的活性，因此喝紅茶無需擔心「傷胃」。

　　降血糖：糖尿病是一種由於血糖過多引起代謝紊亂的疾病。實驗發現，紅茶中的兒茶素化合物及複合多醣類等具有降血糖的功能，兒茶素並可抑制唾液中的澱粉酶，分解澱粉爲葡萄糖的作用，因此紅茶具有輔助治療和預防糖

尿病的功效。

降血壓：經實驗發現，紅茶中的兒茶素類化合物可以抑制血管緊縮素II的形成及活動。有助於降低血壓至正常狀態。同時也發揮增強血管彈性、韌性、抗壓性的作用。由於紅茶中的咖啡鹼能弛緩平滑肌，所以喝紅茶也有助於氣喘患者緩和支氣管痙攣等症狀。

降血脂：茶中的兒茶素類化合物能分解脂質，並促進其排泄，以減少血液中的吸收量，調節膽固醇至維持適量；它還有抑制血小板聚集和助血液抗凝的功能，降低血栓發生的幾率。實驗顯示20毫克紅茶或30～40毫克各種綠茶，可抑制每毫升含血清纖蛋白原1毫克的血漿凝固。

抗衰老作用：人體中脂質氧化過程已證明是人體衰老的機制之一，因此人們服用一些具有抗氧化作用的化合物，如維生素C和維生素E以達到增強抵抗力，延緩衰老的作用。實驗顯示，茶葉中兒茶素類化合物具有明顯的抗氧化活性，而且活性強度超過維生素C和維生素E。此外體內的氧化作用造成黑色素，黑色素沉澱則皮膚變黑，兒茶素的抗氧化作用可減少黑色素的形成，有助於肌膚美白。

防齲：齲齒是人類的常見病之一，尤其是兒童。茶葉

中的氟含量較高，實驗證明茶葉中的氟素，對於防齲齒具有明顯的效果。茶葉中的多酚類化合物還可殺死在齒縫中存在的乳酸菌及其他齲齒細菌。因此飲紅茶或以紅茶漱口可預防齲齒和固齒的作用。

抗癌：紅茶中的兒茶素類可抑制促成致癌物質與細胞DNA分子的結合，防止細胞癌化的可能；具有抑制由飲食進入人體的亞硝酸鹽和二級胺在胃中形成強性致癌的亞硝基化合物的作用，還具有抑制人體代謝過程中可能形成某些致癌物的作用。

解毒和醒酒：實驗證明，紅茶中的茶多酚能吸附重金屬和生物鹼，並沉澱分解。因此能防止飲水和食品工業污染對人體造成的危害。

對於醉酒的人，紅茶素可延緩對毒素的吸收，另外咖啡鹼有擴張血管、利尿的功能，加速代謝以排除酒精，並抑制腎小管對酒精的再吸收。因此在喝醉時可喝紅茶解酒，若在飲酒前半小時先喝紅茶，能使體內不至於吸收過多酒精而增加肝臟的負擔。

抗輻射：紅茶中的多酚類與酯多醣，對於放射性同位

素具有吸收及阻止其擴散的作用。再配合加速代謝的功能，使侵入人體的放射性物質隨糞便排泄，減輕其攻擊骨髓的危害程度。

五、怎樣泡一杯好紅茶

㈠茶葉的選購

茶葉的選購是泡一壺好紅茶的關鍵。茶葉的選購要注意幾個原則。

1.注意包裝：注意包裝上的製造日期，不要購買製造日期超過一年半的茶葉，注意包裝是否完好，以免茶葉受潮。

2.注意新鮮度：新鮮的紅茶具有清香味，正常的茶葉含水量為5%，手捏即成粉末，若不易粉碎即已受潮。一次不要購買太多，最好少量多次，以保持新鮮。

3.根據紅茶特點選購：大葉的條型茶適合清飲，細小的茶葉適合奶飲。味道濃烈的茶適合煮奶茶，如阿薩姆紅茶、肯尼亞C.T.C紅茶、中國正山煙小種紅茶。而大吉嶺紅茶、正山小種紅茶、祁門紅茶、烏沃紅茶均適合清飲。

㈡茶具的選擇

　　1.紅茶的茶壺：茶壺的材質品種很多，以瓷製或銀製最佳，陶瓷製的保溫性能佳，且製作精美，富於藝術價值；銀壺具有「安妮女王」風格，為紅茶增添豪華的色彩；現今玻璃壺也相當普遍，但保溫性差；至於鐵製茶壺絕不適合用來泡紅茶，因為鐵製壺會與紅茶中的多酚物質產生化學變化，使紅茶的湯色變黑，口味也變差。

茶壺的容量一般選一個雙杯組即500毫升的茶壺配兩個200毫升的茶杯，或再選一個6杯組即1000毫升的茶壺配6個150毫升的茶杯為佳。茶壺的造型以矮胖略呈圓形為佳，將新鮮的熱水注入壺中時，上下層的茶葉發生對流運動，這樣才能使紅茶的美味完全釋放出來。

2.紅茶的茶杯和茶托：紅茶杯的標準容量為200毫升，較咖啡專用杯大些，也有更大些的，但現在也常見二者通用。杯壁選擇厚些的最好，因為熱騰騰的紅茶在加入牛奶後，溫度多少會下降些，厚點的茶杯比較有保溫的作用。紅茶杯以瓷製為佳，茶杯內側最好純白，才能襯托出紅茶鮮艷明亮的湯色。為避免熱茶杯直接端著太燙手要配托盤，同時茶杯還要帶有把手。

3.糖罐：早期歐美人在喝紅茶時通常加入砂糖，因此裝砂糖的糖罐是不可少的茶具，即使現代人怕胖不在茶內加糖，糖罐也可當作桌上的擺設。

4.廣口奶罐：與糖罐的大小相似，使用前最好先用熱水燙過，再加入奶以保持牛奶溫度。

5.量匙：用以準確掌握茶葉用量。中等茶匙一匙約為3克，即為泡一杯茶所需的量。

6.茶濾：主要用於過濾茶壺倒茶入杯時的茶渣。

7.茶葉罐：裝散茶用，要求密閉性要好，現以金屬材質最普遍。

㈢紅茶的沖泡方法

紅茶的的飲用方式林林總總，有熱飲的，如皇家紅茶、熱油奶茶、錫蘭奶茶、英式奶茶；有冷飲的，如冰紅茶、茉莉蜜茶、薄荷茶、冰淇淋奶茶等，但最基礎的、最能體現紅茶真正的味道與香氣的，還是喝純紅茶或者奶紅茶。但不是說有了價格不菲的茶葉及茶壺就可沖杯味道甘醇，色、香、味俱全的紅茶。想獲得一杯好紅茶，在預先了解茶葉的種類、特性和保存方法以後，還需了解正確的沖泡方法。

1.怎樣泡一杯純紅茶

(1)將新鮮的水煮開：泡紅茶的水要用含鈣、鎂低的「軟水」。水質新鮮、無色無味且含氧量高的水最適宜用來泡茶，如山泉水、井水及溪水為佳，市售純淨水亦可，而家中的自來水由於有添加氯，宜在容器中靜置一夜，待

氯氣散失再用。二度煮沸的水、保溫瓶內的水、持續沸騰的水，由於水中的空氣已減少，繼續使用都會使紅茶特有的芳香及色澤降低，都不宜使用。新鮮水沸騰後持續半分鐘使用最佳。

(2)預熱茶壺和茶杯：紅茶誘人的香氣主要是藉著熱氣散發出來的，煮沸的水若直接注入冰冷的茶壺，泡好後再倒入冰冷的茶杯，熱度會因此大為降低，香味即不能發揮出來。故在沖泡前應先將茶壺以熱水燙過，並在茶杯中盛滿熱水，使茶葉快沖泡好時將杯中的水倒掉，再注入泡好的茶湯。

(3)取適量的紅茶置入茶壺：原則上一杯一匙茶葉，一個兩杯組的茶壺放入兩匙（6克）的紅茶葉，條形茶可沖泡2～3次，紅碎茶或袋裝茶只能沖泡一次。正山小種紅茶最適合於泡純紅茶直接清飲，它具有香醇可人的滋味和鮮亮的湯色，可以沖泡3～4次。

(4)將煮沸的熱水注入茶壺：將煮沸的水一次倒入茶壺，因紅茶的香氣成分中，高沸點化合物較多，並且氧化聚合的茶多酚更多，需要高溫沖泡。沸水入壺後悶約3～4分鐘，若沖泡時間過久，則茶葉中的單寧酸和兒茶素會全

部釋放出來，使茶湯變得苦澀，若沖泡間太短，茶葉中的氨基酸釋放量不足，則泡不出紅茶香甜。顆粒小的紅碎茶沖泡時間較短，1～2分鐘即可。

(5)在茶杯口放置茶濾，以過濾茶葉渣，把泡好的熱紅茶經茶濾倒入杯中，就可享用到一杯純正熱紅茶的芳醇滋味和誘人的湯色。

熱紅茶適合在寒冷的多季飲用，同時它又是各種花式紅茶的基礎。如著名的皇家紅茶就是在此基礎上發展出來的，它的沖泡步驟是：

一是先泡好一杯熱紅茶，在杯上擺放一支小匙，然後在小匙上放一顆方糖。

二是將白蘭地澆在方糖上，使之充分吸收。

三是在方糖上點火，使白蘭地徐徐燃燒，讓方糖溶解，待白蘭地的酒精完全揮發之後，將小匙放入茶杯內攪拌均勻。在寒冷的多夜，空氣中瀰漫著白蘭地醉人的醇芳，隨著酒味的消失，方糖燃燒產生的一種獨特的焦甜味，伴和著紅茶的醇香，使這道皇家紅茶更雍容華貴，口味更爲華美。

2.怎樣泡一杯奶紅茶

(1)將新鮮的水煮開。

(2)預熱茶壺和茶杯，奶缸也需先預熱。

(3)取適量的紅茶置入茶壺：茶葉量可比泡純紅茶的量多些，使茶湯更濃些，加入牛奶後口感更好。正山煙小種紅茶非常適合沖泡奶紅茶。

(4)將煮沸的熱水注入茶壺：要掌握好沸水的分量，兩杯組的壺一次注入的沸水是360～380毫升，部分的水被茶葉吸收後，剩下約320毫升左右的茶湯，倒入200毫升的茶杯，每杯約160毫升的茶湯，剩餘的容量正好加入適量的牛奶，沸水入壺後悶約3～4分鐘。

(5)把茶經茶濾注入茶杯。

(6)取適量的牛奶注入杯中：英國式的飲用奶紅茶是先將牛奶注入茶杯不能相反，現在許多人是先倒入紅茶再添加適量的牛奶，這樣可先欣賞茶色，或可先啜一口紅茶，體驗熱紅茶的原味，當然先加牛奶還是後加牛奶還是按照自己的習慣。

牛奶一般選用市場上賣的純鮮奶即可。牛奶加入的量一般爲茶杯容量的五分之一。一般滋味濃烈的茶，都帶有一些澀感，加入適量的牛奶之後，牛奶中的蛋白質會將茶多酚類包合，澀感會降低而且口味會變得豐富，如果再加些糖，口感會更好。加牛奶的茶湯要泡濃些。

好喝的奶紅茶，優質的紅茶是最主要的，用桐木的煙正山小種紅茶沖泡的奶紅茶芳香無比，口感迷人，您一旦喝過它，就難以忘懷。在冬季的早餐裏，喝上熱騰騰的一

大杯香濃味美的奶紅茶,既暖身又止飢,令人格外愜意滿足。

3.熱紅茶的冷飲:紅茶向來熱飲,但在炎炎夏日,飲一杯冰紅茶卻極為解渴、降火氣,令您暑意全消。

(1)怎樣泡一杯冰紅茶

①按照前面介紹的步驟泡一壺熱紅茶,但濃度要加倍,一般6克的茶葉注入沸水160～180毫升。

②取一高腳杯,裝入七分滿的碎冰塊,再依各人喜好倒入適量的糖漿,糖漿的做法是將100克白糖和80毫升的水放入小鍋中加熱,待白糖全溶解後讓它自然冷卻再放入冰箱中保存備用。

③將紅茶急速倒入冰杯中,以長匙稍微攪拌一下,便完成一杯晶瑩爽口的冰紅茶,飲用時再加入一片檸檬口味則更好。

泡一杯好的冰紅茶要點是防止在沖泡時產生白霜化。它是在沖泡冰紅茶的冷卻過程中,出現的一種變白、變濁的現象,防止白霜化的要點是注入熱紅茶時要急速、無阻礙倒入,如果茶濾被茶渣堵塞,茶湯流出受阻,就會產生

白濁現象，將糖漿先注入冰塊杯中亦可防止白霜化產生。

白霜化對品質沒有影響，喝起來的口感也沒有什麼不同。在白霜化的冰紅茶裏，加入適量的牛奶做出來的冰奶茶也不失為補救的辦法。

(2)怎樣泡一杯冰淇淋紅茶

在炎熱的夏日，人們毫無食欲時，冰淇淋與紅茶的組合無疑是個好的選擇，它的主要步驟是：

①在沖泡好的熱紅茶裏慢慢加入蜂蜜，攪拌均勻後，讓其自然冷卻。

②準備半高腳杯的冰塊，將上述準備好的紅茶倒入冰塊，杯內至七分滿。

③在冰紅茶上面加一球冰淇淋，這裏不宜使用口感過重或顏色過深的冰淇淋，以免破壞紅茶的香味及色澤。

④最後將牛奶緩緩倒入冰淇淋之上。

第二章

正山小種紅茶的起源

一、紅茶的發源地

　　關於正山小種紅茶起源的確切時間是沒有記載的,而且眾說紛紜,但把它定為明末出現卻是有充分依據的。這些依據就是:明末(16世紀中後期)武夷山出現茶葉發酵技術;當地原住民關於正山小種紅茶起源的說法;紅茶是高度海外貿易化的商品;中國國內及國外關於武夷紅茶外銷年代的記載,都說明正山小種紅茶應是出現在16世紀中後期至17世紀初之間。

福建武夷山自然保護區在中國的位置圖

1.明以前沒有紅茶的記載

在明朝之前，所有現存的史料中都沒有關於紅茶的記載。

最早提及紅茶這一名稱的是成書於明朝初期的《多能鄙事》，作者劉基（1311～1375年），書中飲食類《茶湯法》中「蘭膏茶」記載：「上等紅茶研細，一兩爲率。先將好酥一兩半溶化，傾入茶末內，不住手攪。夏日漸漸添水攪。……務要攪勻，直至雪白爲度。」這裏所記載的紅茶值得懷疑，因爲紅茶紅葉紅湯，加酥加水攪勻後不會出現雪白的現象。因此「蘭膏茶」中加的不可能是紅茶。

在「酥簽茶」記載：「好酥於銀石器內溶化，傾入紅茶末攪勻。旋旋添湯，攪成稀膏。散在盞內，卻以沸湯澆供之。茶於酥相客多少，用桓酥多爲茶爲佳。四時皆用湯造，冬月造在風爐上。」①這段話中關於紅茶的眞實性也值得懷疑。明·宋詡（松江華亭人。字久未，生卒年月不詳）著的《竹嶼山房雜部》卷二十二內有與這段話幾乎一致的記載，但「紅茶末」記爲「江茶末」。宋詡的《酥合茶》中是這樣記載的：「將好酥於銀石器內熔化，傾入江

---

①陳彬藩：《中國茶文化經典》，光明日報出版社，1999年，第361頁。

茶末攪勻，旋旋添湯，攪成稀膏子，散在盞內，但酥多於茶，此爲佳，此法至簡至易，尤珍美，四季皆用湯造，冬間造在風爐子上。」①宋詡的《酥合茶》所記載的內容與劉基的《酥簽茶》所記載的內容幾乎一致，但宋詡記的不是「紅茶」而是「江茶」，關於「江茶」則在宋代已出現，宋代理學大師朱熹在《朱子語類》中有記載：「建茶如中庸之爲德，江茶如伯夷叔齊。」宋代趙汝礪的《北苑別錄》茶著也記有江茶：「蓋建茶味遠而力厚，非江茶之比。江茶畏流其膏，建茶唯恐其膏之不盡，則色味重濁矣。」因此劉基文中應疑紅茶爲江茶之誤。還有劉基著的《茶湯法》的的腦子茶、薰花茶與宋詡《竹嶼山房雜記》卷二十二中的腦子茶、薰花茶從內容到文字都完全一致。當代「茶聖」吳覺農先生在《茶經述評》中說：「明·劉基的《多能鄙事》提及紅茶，但《四庫全書總目提要》認爲該書係僞託，故不擬引以爲據。」

因此可以排除明初出現紅茶的可能。

---

①陳彬藩：《中國茶文化經典》，光明日報出版社，1999年，第400頁。

浙江省

江西省

福建省

廣東省

● 省內地市
○ 周邊縣市
∧ 省界
∧ 地區界
▢ 武夷山保護區
▢ 福建省

N
W　E
S

福建武夷山自然保護區在福建的位置圖

2.明末在武夷山出現茶葉發酵技術

(1)明洪武年「罷造團茶」促進了散茶的大發展，催生了茶葉發酵技術。明洪武二十四年（1391年）剛取得天下不久的明朝皇帝朱元璋，爲減輕民間負擔下詔罷造團茶改貢芽茶。

罷造團茶使一些著名茶葉產區以生產貢茶爲主的官辦體制解體，促使一向未被重視的散茶在解除了因餅茶傳統的束縛後得到空前的大發展。散茶經過明朝兩個世紀的發展，至明後期，一些新技術、新工藝及發酵技術先後出現，從而推動了除綠茶外，黑茶、紅茶和青茶等其他茶類的產生和發展。特別是全發酵的紅茶和半發酵的烏龍茶作爲新技術、新工藝催生的產物，逐漸形成爲兩種新的茶類，使明朝處於中國古代茶葉製作技術的高峰時期。

(2)明中期是武夷茶的低潮時期。罷造團茶使一向以製龍團鳳餅茶著稱的武夷山貢茶處於一個尷尬的境地。改製的芽茶由於製作技術落後，品質低劣。清代周亮工曾說：「前朝不貴閩茶，即貢亦只備宮中浣濯甌盞之需。」①足見武夷山當時的茶葉地位受到重大的打擊，相當一段時期

---

① 清·周亮工：《閩小記》，卷一，閩茶曲。

武夷茶葉品質低劣國內眾所周知。至明景泰年間（1450～1456年）茶葉生產仍然低迷，清初武夷山著名的寺僧釋超全（1627～1712年）在其《武夷茶歌》中寫道：「景泰年間茶久荒，嗣後岩茶亦漸生。」周亮工在《閩小記》中還提到明嘉靖三十六年（1557年），建寧太守錢嶪因本山茶枯，遂罷茶場，其原因「黃冠苦於追呼，盡斫所種，武夷真茶久絕。九曲遂濯濯」。①說明景泰年間茶久荒至嘉清三十六年（1557年）仍沒有改觀。在「茶久荒」的年代，百姓不堪入貢的重負「盡斫真茶」，茶枯園荒，那還會有心思去改良茶葉技術呢？因此可認定在明前期至明中期（1391～1557）武夷山茶葉製作技術處於停滯狀態。那麼「嗣後岩茶亦漸生」是什麼時期呢？明代萬曆年間（1573－1619）徐𤊹《茶考》說：「嘉靖中，邵守錢嶪奏免解茶，將歲編茶夫銀二百兩解府，造辦解京御茶改貢延平。而茶園鞠成茂草，井水亦日湮塞。然山中土氣宜茶，環九曲之內，不下數百家，皆以種茶為業，歲所產數十萬觔，水浮陸轉，鬻之四方，而武夷之名，甲於海內矣。」該文顯示嘉靖三十六年至萬曆年間，相隔最短僅15年，至多為62年，武夷山在解除貢茶的負擔以後，武夷茶一改頹勢，再度揚名海內。武夷茶出現了驚天動地的變化。這當中是

①姚月明：《武夷岩茶與武夷茶史》。

什麼原因促使武夷茶業生產發生大逆轉？這連徐燉自己也弄不清楚，他設問道：「豈山川靈秀之氣，造物生殖之美，或有時變易而然乎？」他也感到這中間或有重大的變故發生。其實產生這重大變化的原因一是建寧太守錢業，上奏免貢芽茶，使崇民得以休息，解除了沉重負擔的茶農，有了發展茶葉生產和改良茶葉製作技術的積極性。另一方面是恰與這一時期「崇安縣令招黃山僧以松夢法製建茶」有關。是技術進步促進了茶葉生產，茶葉生產的繁榮又推動了茶葉技術的進一步發展，因此明後期是武夷山茶葉最有可能出現新技術的時期。

　　(3)明後期茶葉發酵技術首次在武夷山出現，明前期，武夷山在罷貢團茶改貢芽茶後，茶葉品質特徵發生變化，質量低劣，但在明後期那茶葉技術推陳出新的時期，武夷山不斷總結經驗，引進了松夢茶炒青的新技術，結合自己原有的焙制工藝的技術長處，形成了新的先進的製作技術。周亮工（1612～1672，明崇禎進士）在《閩小記》中記載：「崇安縣令招黃山僧以松夢法製建茶，堪並駕。」崇安縣令引進的松夢茶製法是剛出現的炒青綠茶的製法，具有當時最先進的炒青技術。武夷山緊跟潮流，及時引進先進技術，使武夷茶品質大幅提高，堪與松夢茶並駕齊驅，以至在明後期出現了徐燉所記的「武夷之名，甲於海內」的盛況。

　　周亮工還記載了引進松夢茶製法後武夷茶出現的另一種現象：「武夷方崎、紫帽、籠山皆產茶。僧拙于焙，既採則先蒸而後焙，故色多紫赤，只堪供宮中浣濯用耳；近有以松夢法製之者，即試之色香亦具足。經旬月，則紫赤如故。」①衆所周知紅茶是全發酵茶，泡出的茶水湯色紅赤，色多紫赤是發酵茶的特點，松夢製法，主要是炒青綠茶的製作技術，這項技術掌握得好，可以使武夷茶的品質大幅提高，如果掌握不好就可能出現另外一種情況：如採

①清・周亮工：《閩小記》，卷一，閩茶。

摘的鮮茶葉未及時處理，有可能發生日光萎凋，而將萎凋的茶葉再去炒青，這猶如小種紅茶特有的傳統工序過紅鍋，而後再去焙乾，就會出現湯色紅赤。

周亮工的記載說明了一個重要的史實：在這一時期武夷山出現了茶葉發酵特徵。雖說發酵特徵的出現，不一定說明紅茶就出現，它還有一個工藝完善的過程，但它的出現卻是紅茶出現的一種徵兆。武夷山在學習松蘿法製茶不

武夷山茶葉開採時的祭茶儀式　友裕　攝

得法之際，反而出現了一種新的發酵技術，孕育了即將出現的紅茶和烏龍茶。

關於松蘿茶的出現時間，明代馮時可〔明隆慶五年（1571年）進士〕，在其《茶錄》總敘中記敘了松蘿茶的出現：「徽郡向無茶，近出松蘿茶，最為時尚。」又據《歙縣志》寫道：「舊志載明隆慶間（1567～1572年），僧大方住休之松蘿山，製法精妙，郡邑師其法，因稱茶曰松蘿，……」據此可認定松蘿茶是出現於16世紀中後期的一種炒青綠茶。而松蘿茶傳到武夷山應是16世紀中後期以後，但肯定在周亮工記載引進松蘿茶製法之前，那麼武夷山出現發酵技術應是在出現松蘿茶的1567年之後，17世紀初之前的明末時期。

3.一個偶然的時機催生了

武夷山市（原崇安縣）星村鎮桐木村東北 5 公里處的江墩、廟灣自然村是歷史上正山小種紅茶的原產地和中心產區。當代茶界泰斗張天福先生曾為廟灣題詞「正山小種發源地」。

江墩因江姓而名，江姓自宋末定居江墩至今有24代500

武夷曲水圖（清・孫儀）　木榮　攝

多年，其家族世代經營茶葉，有〝茶葉世家〞①之稱。其24代傳人江元勳講述其家族流傳有紅茶產生的說法：其先祖定居桐木關後世代種茶，約在明末某年時值採茶季節，北方軍隊路過廟灣駐紮在茶廠，睡在茶青上，待軍隊開拔後，茶青發紅，老闆心急如焚，把茶葉搓揉後，用當地盛產的馬尾松柴塊烘乾，烘乾的茶葉呈烏黑油潤狀，並帶有一股松脂香味，因當地一直習慣於綠茶，不願飲用這另類茶，因此烘好的茶便挑到距廟灣45公里外的星村茶市賤賣。沒想到第二年便有人給2～3倍的價錢訂購該茶，並預付銀兩，之後紅茶便越做越興旺。關於紅茶起源的這一傳說記載在《中國茶經》上，只是時間存在差距而已。

　　武夷山在引進松蘿茶的炒青技術，再加上自己原有的焙製技術，已經具備了紅茶製作工藝中最主要的過紅鍋和燻焙二道工藝技術，那麼出現紅茶只是時間的問題。該傳說只是說明在一個偶然的時機，桐木茶農為避免損失被迫無奈用經萎凋過的茶葉，再使用在當地已經出現的炒、焙技術去製作，結果在桐木村首先出現了與傳統綠茶不同的另類茶——小種紅茶。正山小種紅茶在初期稱小種紅茶，其外形烏黑油潤，當地人先以地方口音稱為「烏茶」（音讀wu　da，意即黑色的茶），後因其湯色紅艷明亮才稱紅

---

①張天福為江元勳家題的詞。

茶。但與廟灣相鄰的光澤司前乾坑一帶至今仍稱紅茶為烏茶。正山小種紅茶外銷後，因其產地武夷山，所以英國人稱其為武夷茶（BOHEA TEA）。

由於外國特別鍾愛這新出現的紅茶，且生產紅茶的利潤高，銷路好，當地生產的小種紅茶（烏茶）供不應求，周邊便開始仿製。著名的閩南籍武夷僧人釋超全（名阮旻錫，同安人），在武夷山久為寺僧，對武夷茶極為推崇，曾寫下著名的《武夷茶歌》，晚年還俗，返居廈門。他在1706年又寫了《安溪茶歌》，歌詞中講到了武夷紅茶外銷西洋的盛況及被仿製的情形：「邇來武夷漳人製，紫白二毫粟粒芽。西洋番舶歲來買，王錢不論憑官牙。」「邇來

正山小種的發源地桐木廟灣村

武夷漳人製」講的是近來的武夷茶是由漳泉人仿製的，主要的品種有紫毫和白毫等茶，釋超全對武夷茶十分熟悉，這裏的紫白二毫指的是武夷紅茶紫毫和白毫①。在廈門的茶市場上購買了標有武夷商標的「紫白」二毫烹飲，飲後便知是「漳人製」的安溪茶。這首詩歌寫於1706年，它記述了兩個歷史事實，一是自1684年清政府解除海禁後，英商等外國船隻可以直接靠泊廈門港購買武夷紅茶，茶葉貿易十分發達；二是在18世紀初，在廈門附近的安溪便有仿製武夷紫白二毫紅茶。說明在18世紀初武夷紅茶的海外需求急劇擴大，僅在武夷山生產已經不能滿足需要，仿製的武夷紅茶已經超出了武夷山的周邊地區。釋超全記載的武夷紅茶被仿製的時間比武夷山現有留下的記載還要早些。清雍正十年（1732年）崇安縣令劉埥在其《片刻餘閒集》中記載了這種仿製的土名「江西烏」的紅茶私售於崇安星村的市場上：「山之第九曲盡處有星村鎮，爲行家萃聚所，外有本省邵武、江西廣信等處所產之茶，黑色紅湯，土名江西烏，皆私售於星村各行。」

　　仿製的「江西烏」與桐木一帶的「烏茶」在品質上還是有區別的，於是就有了「正山」和「外山」之說。《中國茶經》稱「產於福建崇安縣星村鄉桐木關的稱『正山小

①紫毫見鞏志《紅茶發祥地區武夷山桐木村》，「武夷紅茶的品種有：正山小種、小種、工夫、紫毫……等」。白毫見《清代通史》卷二第847頁：「明末崇禎十三年紅茶（有工夫茶、武夷茶、小種茶、白毫等）」。

種」」，所謂「正山小種」紅茶之「正山」乃表明是「真正高山地區所產之意」。正山所涵蓋的地區，以廟灣、江墩為中心，北到江西鉛山石隴，南到武夷山曹墩百葉坪，東到武夷山大安村，西到光澤司前、乾坑，西南到邵武觀音坑，方圓約600平方公里，該地區大部分在現福建武夷山國家級自然保護區內。「外山小種」指政和、坦洋、屏南、古田、沙縣及江西鉛山等地所產的仿製正山小種品種的小種紅茶，質地較差，統稱「外山小種」或「人工小種」。

從上面的分析可以看出早在18世紀初，武夷紅茶的海

桐木村在福建武夷山自然保護區的位置圖

省界
保護區界
公路
桐木村範圍
武夷山保護區

外貿易已經十分發達，被仿製的武夷紅茶已經大量出現，
而絕不是有些人說的武夷紅茶在清道光年間（19世紀初）
出現。

4.明末初起的海外貿易，爲新生的紅山小種紅茶打開了外部市場

在武夷山有這麼一句話：〝武夷山一怪，正山小種國外買。〞產地買不到正山小種紅茶堪稱一怪〞。高章煥、莊任先生在紅茶產區調查時有一個奇特的發現：「產區農民生產紅茶而又從不飲用紅茶，這就引出一個推論——紅茶應是爲海外貿易發展而興起的產物。」①紅茶產區不飲紅茶，原因可能是當時產區農民一直習慣於飲用綠茶，認爲這種茶是與傳統的綠茶在色、香、味上都完全不同的「異類茶」。紅茶產區不飲紅茶，說明傳統的綠茶產區還很難適應這種變化，顯示它在國內沒有市場，它的市場在國外，是完全海外貿易化的商品，由此可以推論：武夷紅茶的出現應該在16世紀末和17世紀初海外貿易興起，歐洲的葡萄牙人和隨後而至的荷蘭人到達中國的時期，只有這時之後才有可能發生紅茶的海外貿易，那麼紅茶的出現不會早於這個時期。從而也印證了武夷紅茶出現在海外貿易初起的16世紀末和17世紀初的明末時期。

①高煥章、莊任：《繼往開來自強不息——校勘有關福建茶史資料札記》，《福建茶葉》，1991年第1期，第24頁。

正山小種分布圖

5.中國關於武夷小種紅茶最早的記載

　　吳覺農先生著的《茶經述評》曾查閱了中國2000多州

縣志中有關茶葉的記載，在提到紅茶產生的年代時寫道：
「在現產紅茶的各省各縣地方志中，可以查到的最早記述
紅茶的有下列各縣：

(1)湖南《巴陵縣志》（清同治十一年）記載：道光二
十三年（1843年）與外洋通商後，廣人每挾重金來製紅
茶，土人頗亨其利，日曬者色微紅，故名紅茶。

(2)湖南《安化縣志》（清同治十年）記載：咸豐七年
（1857年）戊辰九月，知縣陶燮釐定紅茶章程。

(3)湖北《崇陽縣志》（清同治五年）記載：道光季年
（約1850年），粵商買茶，其製，採細葉暴日中揉之，不
用火炮（同炒），雨天用炭烘乾。往外洋賣之，名紅茶。

(4)江西《義寧州志》（清同治十年義寧州治所在今江
西修水）記載：道光間（1821～1850年），寧茶名益著。

以上所能查到的有紅茶生產的記載全部在道光年間及
其後，也即在紅茶外銷大盛，供不應求之際仿製的。如安
化紅茶係粵商所倡製，據《同治安化縣志》（1871年）記
載：「方紅茶之初興也，打色封箱，客有冒稱武夷茶以求
售者。」

　　其實關於中國紅茶最早的記載當屬《清代通史》①，該書卷二第847頁記載：「明末崇禎十三年紅茶（有工夫茶、武夷茶、小種茶、白毫等）始由荷蘭轉至英倫。」工夫紅茶與白毫、小種紅茶都是武夷紅茶的品種，該記載把中國關於武夷小種紅茶產生的年代提前到明崇禎十三年（1640年）之前。

　　這段記載顯示了明崇禎十三年（1640年）時武夷正山小種紅茶已遠銷至英國，這是最早進入英國的紅茶。

---

①蕭一山：《清代通史》卷二，中華書局，1985年，847頁。

6.1610年武夷正山小種紅茶最早輸出國外

既然是荷蘭人在1640年把武夷紅茶輸入英國，那麼荷蘭人把武夷茶輸往荷蘭應該更早，那麼是什麼時候呢？

荷蘭商船是1601年首次來到中國。《中國茶經》這樣記述了一個重要的史實：「當1610年荷蘭東印度公司的船隊首先把少量的茶葉運回歐洲以後，就如久旱遇甘露一樣，茶葉的飲用很快在歐洲進一步在世界範圍內風靡起來。並成為西方與中國貿易的主要物產，這一過程也正好發生在明朝後期。」

而荷蘭東印度公司1610年運回歐洲少量茶葉便是福建武夷紅茶[1]。《與雷諾阿共進下午茶》一書也證實了這一史實：「在17世紀時，已經開始製作紅茶，最先出現的是福建小種紅茶，這種出自崇安縣星村鄉桐木關的紅茶，當17世紀初荷蘭人開始將中國茶輸往歐洲時，它也隨著進入西方社會。」

據此可以認定武夷正山小種紅茶的出現應該在1610年之前。

1650年以前，歐洲的茶葉貿易可以說完全被荷蘭人所

---

[1]陶德臣：《中國茶葉商品經濟研究》，118頁。

壟斷，1644年英國東印度公司在廈門設立貿易辦事處開始與荷蘭人在茶葉貿易上發生磨擦，經過兩次英荷戰爭，由於英國獲勝便開始擺脫了荷蘭而漸漸壟斷茶葉貿易。1669年英國政府規定茶葉由英國東印度公司專營，1684年清政府解除海禁，1689年英國商船首次靠泊廈門港，從此英國開始由廈門直接收購武夷紅茶。

在英國，早期是以「CHA」來稱呼茶，但自從廈門進口茶葉後，即依廈門語音稱茶為「TEA」，稱最好的茶為「BOHEATEA」（武夷茶），「BOHEA」即武夷的諧音。在英國《茶葉字典》中：武夷（BOHEA）條的注釋

作者（左一）和歐盟食品與飲料協會秘書長芭芭拉夫人（右一）一起品飲正山小種紅茶

爲：「武夷（BOHEA）中國福建省武夷（WU-I）由所產的茶，經常用於最好的中國紅茶（CHINA BLACK TEA）」②。可見武夷茶早期即爲正山小種紅茶在國外的稱呼，爾後在18世紀武夷紅茶逐步演變成福建紅茶乃至中國紅茶的總稱。

①吳覺農：《茶經述評》第二版，中國農業出版社，2005年91頁。

二、閩南人推動武夷紅茶外銷

武夷正山小種紅茶之所以能在它出現之初，便能漂洋過海傳到歐洲，這是它有特定的環境和特定的條件使然。

桐木村位於武夷山脈最高地段，閩贛二省的邊界處，為交通要道，它北距重要的內河港口江西鉛山河口鎮80餘公里，南距重要的茶葉集鎮星村鎮僅40餘公里，有貿易的天然優越條件；武夷山在歷史上享有盛名，宋代理學大師朱熹久居此地，使武夷山成為理學的搖籃。長期以來一直是羽流棲息之所，各界人士來往頻繁，訊息靈通；武夷茶在宋代便享有盛名，星村鎮早已成為茶業行商萃聚之所。這些都是紅茶能迅速流通的必要條件。但在眾多的優越條件中，還有一條是不能忽視的，那就是閩南人在紅茶的傳播中起到的重要作用。

1.明末武夷山出現一批閩南籍移民和僧人

武夷山的《縣志》和《山志》記載：清初閩南教徒始入修持。當時，百二十里大山中大小寺庵院有50多處，幾乎無山不庵，山僧多為閩南人。著名的有同安籍的釋超全，漳浦籍的僧衍操、釋超位、鐵華上人，龍溪籍的僧如

疾、釋超煌、道桓、明智，晉江籍的興覺、直熾，泉州籍
淨清，漳州籍的性坦等①。本來茶和寺院佛教就有著深遠
的關係，在武夷山則尤為明顯。這些僧人不僅善於品茶，
許多還是製茶的高手，如釋超全在武夷山為僧時寫下的
《武夷茶歌》，其中對武夷茶的歷史和茶葉製作技術做了
精湛的描寫。在嗣後返居廈門期間，寫下的《安溪茶
歌》，使我們清楚地了解到300年前在廈門港武夷紅茶與西
洋運茶船貿易的盛況：「邇來武夷漳人製，紫白二毫粟粒
芽。西洋番舶歲來買，王錢不論憑官牙。」這兩首茶歌至
今仍是研究武夷茶史的珍貴資料。

此外在閩贛邊界兩邊還有許多沿海內遷的閩南人。據
《鉛山縣志》記載：「僅明、清二代福建移至此的移民新
建村落達523處。」據《上饒縣志》記載：「全縣35個公
社、場幾乎都有福建人，其中與鉛山縣鄰近的南部為多，
遷入者多為泉、漳、汀州的泉州，永春、南安、莆田等
縣，如與鉛山縣毗鄰的大地公社，85個自然村，有15個全
係永春移民所建。」這些移民與閩南茶商、僧人語言相
通，許多被雇傭到武夷山，一些人便在武夷山安家，如今
武夷山天心村村民大多為閩南後裔②。」

---

①見《民國崇安縣志》二十卷。
②黃賢庚《烏龍茶發源於武夷山之原委初探》，《中國茶文化》。專號，
　1999年第2期，245頁。

重修舊譜序

益萬物本乎天人本乎祖尊祖故敬
敬宗故收族收族云者舉一族之世
塋場事蹟合而收理之也我江氏顯
後裔佰益遺封始居居河南繼遷江
宋末入閩而卜居桐木關者我　祖
一公也公君斯地開田園創基業于
繁衍此地率屬江姓故地名江墩焉
配汪氏生九子當時娶族同居嗣後

　　關於更早的內遷還可追溯到明初防倭禍之時，《福建史稿》記載：明初洪武至嘉靖年間「福建沿海諸島嶼的人民一樣被強迫遷入內地」。《泉州港與古代海外交通》一書記載：「明嘉靖年間，倭寇大舉侵犯我東南沿海，從嘉靖三十六年到四十五年（1557～1566年）前後十年中，泉州所屬各縣，先後遭受倭寇不同程度的騷擾。南安、永春、安溪的縣城都被倭寇攻陷過。」因此當地居民曾大舉內遷和外遷，這在當地族譜中有關記載很多，例如：「若夫倭寇時之離異遷界時之散處，或往京師，或往江西、湖廣，或往粵省、暹羅、呂宋等處。正所謂外（出）省入番邦，而不回故鄉者。」①

① 《泉州港與古代海外交通》，108頁。

這些閩南籍寺僧和閩南籍移民自然把武夷茶傳到家鄉閩南，很快地引來閩南商賈前來經營茶葉。

2.閩南商人推動了武夷正山小種紅茶的外銷

由於有了一批閩南籍僧人和移民，再加上星村鎮是重要的茶葉集散地，自然吸引了閩南籍茶商前來經營武夷山茶葉。這些閩南籍茶葉行商南來北往推動了武夷茶的外銷。

　　閩南籍商人不僅活躍於茶區，而且直接經營閩茶外銷。莊國土先生認為：「宋元以降，閩南商人在遠東貿易中長期居於優勢地位。西人東來後，首先遭遇的也是閩南海商。」「閩南人經營閩北茶葉由來已久。清初至清中期，活躍於茶區的商人多是——漳泉商人。」①有「中國海上馬車夫」之稱的「閩南人」，用商船把茶葉運抵印尼的巴達維亞（今雅加達）與歐洲的「海上馬車夫」荷蘭人貿易，由荷蘭人把茶葉運回歐洲。16世紀末的荷蘭，是當時的海上霸主，造船業居世界首位，商船噸數占歐洲總數的四分之三，有「海上馬車夫」之稱。荷蘭的遠航商船於1595年繞過好望角到達印度，此後繼續東進，1602年，荷蘭商船首次來到中國。中國的貨物主要是由荷蘭商船運到歐洲諸國的。基特‧喬先生也認為：「茶葉大約是在1610年前後，由荷蘭船隻從爪哇帶進歐洲的。」，「荷蘭人從爪哇進行他們最初的對華貿易時，碰到由福建廈門開出的中國帆船。」②陶德臣先生認為1610年荷蘭首次運回歐洲的少量茶葉就是武夷紅茶。從17世紀初到18世紀90年代，荷蘭人透過印尼巴達維亞城轉口，向歐洲販運茶葉不下數十萬擔。經營從中國販茶到巴城的海商，幾乎都是閩南人。在巴城從事中國帆船與荷蘭人之間茶葉貿易的掮客也

①莊國土《鴉片戰爭前福建外銷茶葉生產和營銷對當地社會經濟的影響》，《中國史研院》，1999年第3期,146頁。
②〔美〕基特‧喬：《中國茶葉走向歐洲》，《中國茶文化》專號，1993年第4期，273頁。

是閩籍華人①。如17世紀30～40年代的巴城甲必丹連富光本身就參與荷蘭人的茶葉交易。

閩南籍茶葉行商從明末起一直在武夷山經銷茶葉，這種情況到道光年間仍沒有改變。1757年，清政府實行第二次海禁，閩海關關閉，僅開廣州一口對外貿易。閩茶出口改向由海上外銷爲由陸路內河運到廣州，販運茶葉者仍多是閩商，而且與洋商進行茶葉交易者也不乏閩人。廣州十三行經手所有內地茶葉外銷，在這著名的十三行商中，潘同文（同文行）、怡和（怡和行）、葉文成（文成行）、潘舶泉（舶泉行）、謝樂裕（樂裕行）、黎資元（資元行）等六行俱爲閩籍漳泉商人②。

清政府雖然實行海禁，但由閩入粵的海上通道並未禁絕，《黃埔港史》記載：「1757年後福建茶商遷來廣州貿易，十三行中十分之九爲福建商人，販茶商人大多是內地茶商，販運目的很明確均爲海運茶至粵。」

3.武夷正山小種紅茶飄洋過海到歐洲

明末清初閩南籍僧人入住武夷山修持，在閩贛邊界居住一批明清時期內遷的閩南人，及星村一向爲茶葉行商萃聚之所吸引了閩南籍茶葉行商，加上閩南籍商船長期佔據

①莊國土《鴉片戰爭前福建外銷茶葉生產和營銷對當地社會經濟的影響》，《中國史研院》，1999年第3期,146頁。

南洋商貿的優勢地位。因此形成一條從產區到海上的貿易
網絡。這種優越的條件是中國其他茶葉產區所沒有的，這
也就是武夷正山小種紅茶之所以能在它一出現就如它的產
生的傳說那樣，能迅速的流通到海外，使它一開始產生就
直接與海外貿易相連，這也是紅茶高度海外貿易化的根本
原因。根據正山小種起源的傳說，當地人不飲紅茶，紅茶
是專供海外貿易的商品，以及漳泉商人從茶區到海上長期
形成的貿易網絡等因素的綜合，可以得到一個合乎邏輯的
結論：正山小種紅茶在明末某年五、六月間一次意外中創
製後，當地人不願飲用這種異類的茶葉，便由茶農送到星
村茶市賤賣。在星村茶市的閩南行商購買後運到廈門，由
專營廈門至海外貿易的漳泉商人乘十、十一月的季風運到
巴達維亞與恰好在那時到達的荷蘭商人貿易，小種紅茶遂
由荷蘭人帶回歐洲。漳泉商人交易成功，遂又返回當地繼
續訂購小種紅茶。這一時期應該在1610年前，從此正山小
種紅茶形成一個從產區到歐洲的完整貿易網絡。是這條暢
通的貿易網絡，使正山小種紅茶幸運地從它一誕生起就走
出了山溝溝，飄洋過海，成了西方世界的寵兒，並伴隨著
西方文明在全世界的傳播，使紅茶形成優美的紅茶文化，
並使紅茶成爲今天世界年消費量達9000億杯的世界第一大
茶類。

作者與國家茶葉質量監督檢驗中心主任、杭州茶葉研究院院長駱少君
（右一）交流正山小種紅茶研究的體會

摩崖石刻：明萬曆年間關於新殖茶山免稅三年的告示

三、武夷紅茶逐漸向周邊省外及海外擴散傳播

　　紅茶產區不飲紅茶的現象，顯示紅茶是完全靠外銷的茶葉，紅茶的海外需求決定著紅茶的生產。隨著紅茶的海外需求逐步上升，武夷紅茶的生產也逐漸擴大，它先從桐木核心區向外圍，從正山向外山，從周邊縣市向省內，從省內向省外擴散，隨著紅茶的擴散，武夷紅茶的含義也逐漸由正山小種這個地區性紅茶品種，擴大爲武夷山全市，以至周邊地區，乃至福建全省的紅茶的總稱。甚至在武夷紅茶獨步世界的18世紀「武夷茶爲中茶之總稱矣」。

1.17世紀武夷紅茶都在桐木村正山範圍生產

　　桐木村是紅茶的原產地，紅茶的外銷自然是從這裏開始的，紅茶初期的海外需求，由於價格昂貴數量是比較少的。雖然荷蘭人1610年就把它帶到歐洲，基本上是把它當作稀有珍品，數量很少，直到1664年英國東印度公司晉獻凱瑟琳皇后才兩磅的武夷紅茶[①]，可見其稀少的程度。據有關資料記載：英國在1664～1684年20年間共進口紅茶5697磅，平均每年僅進口271磅。17世紀最後一個5年的平均進口是11428.2磅[②]，據推算在17世紀末荷英兩國年進口武夷紅茶的數量約爲3萬磅（225擔）。

---

①②蕭致治、徐方平：《中英早期茶葉貿易》，《歷史研究》，1999年第3期，137，138、139頁。

正山小種紅茶的中心產區約600平方公里，估其最大產量約5000～6000擔，其核心區桐木村的最大產量約3000～4000擔。該地區的生產足以滿足17世紀末海外對紅茶的需求，因17世紀出口的紅茶應都是正山範圍生產的，即在17世紀正山小種紅茶尚未向外擴大生產範圍。

2.18世紀武夷紅茶開始向周邊縣市乃至全省擴大

在17世紀末紅茶消費的最大國家英國的一般人飲用紅茶越來越多，紅茶的消費直線上升，供不應求，特別是1684年清政府解除海禁後，外國船舶可以直接靠泊廈門港進行紅茶貿易，極大方便了紅茶的外銷。據有關資料統計：18世紀前50年間，英國平均年進口紅茶873973.31磅（6556擔）①是17世紀末最後五年平均進口的76倍，加上另一紅茶貿易大國荷蘭也有與此相當的進口量，顯然這種銷售量，在正山範圍已經超出了它的最大生產量，其中相當部分都是周邊仿製的武夷紅茶，如在1706年寫的「安溪茶歌」中便出了仿製的紫毫、白毫紅茶和外銷的盛況（需要指出的是這時期之前進行的茶葉貿易都是紅茶貿易，銷售出去的都是紅茶，而不是別的茶）。在崇安縣令劉埥的《片刻餘閒集》中出現冒稱「烏茶」的仿製「江西

①蕭致治、徐方平：《中英早期茶葉貿易》，《歷史研院》，1999年第3期，139頁。

烏」紅茶。

　　18世紀的後50年紅茶的銷售仍是急劇上升，英國在1792年進口紅茶156000擔，佔當年中國紅茶出口的85％①，由此推算，1792年武夷紅茶的出口約爲18.35萬擔。武夷紅茶的生產範圍已經從正山範圍擴大到全省各地。在整個18世紀尙未出現福建以外省份生產的紅茶，此時是武夷紅茶獨步天下的時期，武夷紅茶（BOHEATEA）成了中國紅茶的總稱。

---

①蕭致治、徐方平：《中英早期茶葉貿易》，《歷史研院》，1999年第3期，143頁。

處於大峽谷中的桐木村山高谷深，海拔差別懸殊，形成多種多樣的小氣候環境

3.19世紀武夷紅茶從省內向省外擴展，外國也 開始試種生產紅茶

　　19世紀紅茶的外銷繼續大幅上升，是中國紅茶外銷的鼎盛時期。據有關資料統計：1886年紅茶的出口達165萬擔是中國紅茶出口的最高年份①。福建紅茶的最高出口在1880年也達635072擔②，僅福建的紅茶生產已經遠不能滿足出口需要。有關資料顯示：19世紀初的清光年間各省的紅茶紛紛出現，如湖南、湖北、江西、安徽等省的紅茶都是這期間出現的。吳覺農先生認為：「至於福建紅茶向外傳播則可能是由崇安開始的，其傳播的主要路線，可能是先由崇安傳到江西鉛山河口鎮，再由河口鎮傳到修水（過去義寧州的治所）後又傳到景德鎮（過去的浮梁縣），後來又由景德鎮傳到安徽的東至（指現在東至縣縣境內的原至德縣境），最後才傳到祁門。」③後來紅茶品種不斷增多，除了安徽的「祁紅」外，增添了雲南「滇紅」，福建「閩紅」，湖北「宣紅」，江蘇「寧紅」，湖南「湖紅」，廣東「英紅」，浙江「越紅」，江蘇「蘇紅」等④。因此從紅茶製作技術傳播路線來看，中國各大紅茶區的紅茶製作技術都源於武夷山。

①陶德臣：《中國茶葉商品經濟研究》，軍事誼文出版社，1999年，282頁。
②陶德臣：《中國茶葉商品經濟研究》，軍事誼文出版社，1999年，381頁。
③吳覺農：《茶經述評》第二版，中國農業出版社，2005年，91頁。
④王國安、要英：《茶與中國文化》第二版，漢語大詞典出版社，2000年。

　　福建紅茶的生產也幾乎遍及全省。特別「五口通商」後，閩茶由福州取捷徑出口，更促進了茶葉生產，清代丁紹儀所著《東瀛識略》記載：「茶固閩產，然祇建陽崇安數邑，自咸豐（1851～1861）初，請由閩茶出運，茶利益溥，福、延、建、邵諸郡種植殆遍。」在19世紀60年代在閩東出現工夫紅茶。

　　由於閩東工夫紅茶和武夷正山小種紅茶都從福州口岸出口，國外開始以福州方言稱正山小種紅茶為Lapsang Souchong（福州地方口音對松明發Le的音，以松材燻焙過則發Le Xun的音。對以松材燻焙過的正山小種紅茶稱為Le Xun小種紅茶。Lap Sang則是Le Xun的諧音）。英國大不列顛百科全書稱該名詞出現於1878年，至今桐木正山小種出口，都使用Lapsang Souchong或Lapsang Black Tea名稱。

　　19世紀初葉以前，國外沒有紅茶生產，中國是紅茶的唯一產地。

　　19世紀在紅茶發展史中最重大的事件是印度在1834年開始試種茶，1839年印度紅茶在倫敦上市，然而需要指出的是，當時印度並不清楚茶葉進行發酵處理的技術，甚至於綠茶和紅茶是同一種植物在當時西方並不了解。英國東

印度公司曾派植物學家羅伯特‧福瓊（Rorbert. Fortune 1813～1880年），於1848年第二次到武夷山，他竊取了紅茶的製作技術，帶著茶苗和茶種及8名製茶工人到了印度，極大地促進了印度茶葉種植業的發展。僅60年時間，在1900年印度紅茶便把中國茶葉壟斷世界市場的地位取而代之，成爲世界最大的茶葉出口國。嗣後斯里蘭卡在19世紀70年代，印度尼西亞則在1827年，最後肯尼亞在1924年開始種茶。

綜上所述，武夷正山小種紅茶是出現在1567～1610年之間的海外貿易興盛時期，它一出現很快便傳到海外，隨

正山小種中心產茶區高橋優美的山水環境

著海外需求的擴大，武夷紅茶的生產由正山傳至周邊各縣市乃至全省，到19世紀，紅茶生產擴散至周邊省份乃至國外。由此可以認定武夷正山小種紅茶無疑是中國最早的紅茶，也是最早輸出國外的紅茶，武夷山是世界紅茶的發源地。

四、英國人把武夷紅茶演繹成內涵豐富的紅茶文化，並把紅茶發展成世界性的飲料

1.武夷紅茶在英國的傳播

咖啡進入英國比茶葉略早些，所以早先茶葉是在咖啡館出售的，如倫敦《政治公報》週刊（《Marcurins politicus》）在1658年9月23日刊上登載了一則廣告：「中國的茶，是所有醫士們推崇讚賞的優良飲料，在倫敦皇家交易所附近的斯威汀蘭茨街『蘇丹王妃』咖啡店內有貨出售。」

紅茶是由荷蘭人幾乎是同時傳入英國、德國、法國，但紅茶在進入德國、法國時卻沒有那麼幸運。由於啤酒被視為日常飲料已在德國紮下根，茶進入德國時只不過是有關於茶被視為藥物有無效果上的一些爭論，由於茶價過於昂貴，而沒有進一步擴大到國民各階層。同樣的原因，在法國、意大利、西班牙地中海葡萄酒文化圈，紅茶也難以與之競爭。和法國和德國等其他歐洲諸國相比，除了水以外，英國可以說是一個飲料貧乏的國家。英國的水是軟水，與歐洲大陸的水不同，適合於做飲料用，因此用歐洲

大陸的水沏茶，缺少茶味和茶香，茶還是在英國飲用最香，因此飲茶能輕而易舉地打進了缺乏傳統飲料的英國。

英國在17世紀中葉，先後引進了咖啡、可可、茶這3種進口飲料，為什麼唯有茶戰勝了其他飲料而佔了優勢呢？主要是緣於當時人對東方文化的崇拜心理。當時的中國是文化高度發達的神秘的先進國家，茶是其代表性的文化。茶始終閃耀著歷史悠久的中國傳統文化的光輝。而可可、咖啡都沒有這種文化背景，這點是茶和可可、咖啡的根本區別。另一方面，到了18世紀，由於茶葉國際競爭激烈，英國降低了茶葉關稅，關稅的降低使茶葉的價

「凱瑟琳王后」茶葉

格大幅下降，反而促進了茶葉在英國下層勞動者中的普及，而咖啡、可可的價格相對較高，難以在中產階級以下的民眾中普及開來。

與綠茶相比，雖然綠茶外傳的歷史比紅茶早，但因味苦澀，令外國人難感興趣。早期嘗過中國綠茶的歐洲人利

馬寶說過：「中國人為何要自討苦吃？」紅茶則不一樣，它沒有苦味，且紅葉紅湯晶瑩剔透，泡出的茶湯像杯香醇的紅葡萄酒，特別是正山小種紅茶有一股濃郁的桂圓香味，芳香無比，所以它一傳到英國即能被廣泛接受。

　　中國茶文化源遠流長，茶道、茶藝早已形成。在中國綠茶、紅茶、烏龍茶這三大茶類中，唯獨紅茶的地位最低，為國人了解甚少。然而武夷紅茶卻是牆內開花牆外香。在 17 世紀中葉武夷紅茶飄洋過海來到英倫三島，就被皇室捧為稀世珍寶。在英國，飲茶的高貴、華美之形象，是與皇室對茶的熱愛和推動分不開的。1662 年葡萄牙公主凱瑟琳嫁給英皇查理二世時帶著中國紅茶作為嫁妝，人稱其為「飲茶皇后」。關於凱瑟琳皇后飲用紅茶還有一則軼聞：1662 年葡萄牙公主凱瑟琳在嫁給英皇查理二世的盛大婚禮上，頻頻舉起盛滿紅汁液高腳杯回謝王公貴族們的祝賀，高腳杯的紅汁液到底是什麼？參加婚禮的法國皇后為了了解這個秘密，派衛士潛入皇后寢宮，衛士探得皇后天天飲用的小碎葉是中國紅茶，想偷點回去獻給法國皇后，不料被當場捉住。在法庭審理時，法國衛士說出了潛入皇宮的動機，是為了探聽紅茶的秘密，使中國紅茶一下在英國家喻戶曉。凱瑟琳皇后雖不是英國第一個飲茶的人，卻

是帶動英國宮庭和貴族飲茶風氣的開創者。在這樣雍容高貴的王妃帶動下，喝紅茶成了皇室家庭生活的一部分，飲茶遂成為時髦的風尚。隨後安妮女王提倡以茶代酒，掀起英國皇室貴族飲中國茶的風潮。

霧靄中的桐木村三港小區

由於皇室對武夷紅茶的愛好，英國東印度公司在 1664 年從荷蘭人手中購得兩磅武夷紅茶進獻凱瑟琳皇后；1663 年，詩人瓦利向凱瑟琳皇后祝壽時作有一首茶詩，其中有：「月桂與秋色，美難與茶比，……物阜稱東土，攜來

感勇士，助我清明思，湛然袪煩累」的詩句。於是在 17 世紀後半期，爲追隨皇室飲紅茶之風，出現了許多愛好茶、歌頌茶的文學家、詩人，他們留下了許多關於飲茶的動人詩篇，甚至在挪威易卜生的作品裏也有。如英國作家奧維格頓（Joha Ovington）在 1699 年的一篇文章中寫道：「飲茶具有神奇的療效，歐洲人習慣了飲酒，但這會損害人的健康；相反，飲茶卻能使人頭腦清醒，使酒鬼恢復理智。」18 世紀著名的文學家約翰遜博士寫道：「以茶來盼望著傍晚的到來，以茶來安慰深夜，以茶來迎接早晨。」19 世紀初英國著名詩人拜倫在其《唐璜》詩中有：「我覺得我的心兒變得那麼富於同情，我一定要去求助於武夷的紅茶」讚美之句。

　　當然紅茶的傳播在英國也並不是一帆風順的。從 17 世紀後半葉開始在英國朝野出現了關於茶的爭論的高潮。茶的反對論者認爲，茶不僅對健康不利而且從清教徒的禁慾精神和博愛主義立場來看，茶是奢侈品，如果有錢喝茶，還不如把喝茶的錢捐予貧民的慈善事業。在英格蘭等地還出現了清除「茶的威脅」的聲勢浩大的國民運動。艾爾郡佃農的共同決議中有：「因爲飲用茶的上層社會的人大都是身體纖細的，因此，不能不斷言，對於把我們養成健康

而有男子漢氣魄的人來說，茶是不適宜的飲料。所以，我們在抗議茶的同時，還想說一句：想成為身體脆弱、懶惰、無用的人就請隨便飲茶吧！」這裏把農民對染上飲茶之習的上層社會的反感，當作喝茶的過錯來攻擊茶。

這種關於飲茶的爭論，一直持續到18世紀末，隨著英國農業革命和產業革命的展開，農民和工人的收入顯著提高，茶從奢侈品變成了大眾飲料而普及鞏固下來時，茶反對論幾乎就銷聲匿跡了。

2.英國人把飲用紅茶發展成一種優雅的生活方式

　　早期的倫敦市場只有武夷紅茶，別無其他茶類，由於它昂貴異常，只有豪門富室方能享用得起。威廉‧烏克斯的《茶葉全書》記載：「最初茶葉只能從中國購辦，係一種極名貴之物品，在饋贈帝皇、王公及貴族之禮物當中，偶然可以發現此種世界之珍寶。」隨著皇室貴族飲紅茶風氣的傳播，逐步地一般勞動群眾也廣泛地飲用紅茶。當時有人指出：「勞工和商人總在模仿貴族，你看修馬路的工人居然在喝茶，連他的妻子都要喝茶。」

　　華茶傳入英國之前，英國沒有什麼文明飲料來止渴。市鎮上的酒店，出售的杜松子酒、威士忌和啤酒性質燥烈，結果培養出一些好鬥的人，行為十分粗野。飲茶則不僅能止渴，而且可以使頭腦清醒。如果在茶水中加上牛奶和糖，效果則更佳。英國人由飲酒改為飲茶「養成彬彬君子之風，是茶為英國民性優良之恩物矣。」

　　茶葉是一種溫和而又有滋補作用的興奮劑。加進牛奶和糖，就成為品味俱佳的提神飲料，既可促進消化，又可振奮精神。在18世紀英國隨著工業革命的發展，工人勞動需要聚精會神，才能保證安全。因此英國經濟史學者J.A.

威廉遜曾說：「如果沒有茶葉，工廠工人的粗劣飲食就不可能讓他們埋頭苦幹。」因此茶葉在英國的推廣，適應了英國工業發展的需要。

飲茶還有助於英國政治生活的民主化。自由發表政見，需要爭論雙方既有清醒的頭腦，又有旺盛的精力，「沒有什麼比茶葉更加理想。它柔和的芳香，清甜的口味，既止渴，又有營養，使有煽動性的政論家精力得到恢復」。因此在有茶水供應的咖啡館經常可以聽到豐富多彩的演說。

桐木廟灣江墩江氏族譜

　　紅茶雖然原產於中國，卻在國外受到更大的歡迎，尤其是英國。自17世紀英國人接觸到紅茶以後，300多年來逐步發展出一套優雅的紅茶文化，並成為世界紅茶文化的主流。

　　英國正統的紅茶文化約在1837年起的維多利亞女王時代成型，並已深入到英國一般老百姓之中。據估計，英國人一天會喝4～5杯茶，平均每人每年會喝1300杯茶，相當於每人每年消費了3～3.5公斤茶葉。英國人一天中會有六七次的飲茶時間：如一起床即喝的早茶；早餐時的早餐茶；到十一點左右，早上工作告一段落的「十一點鐘茶」；到下午三、四點時的下午茶；相當於下午茶（又稱Low Tea）而在傍晚六點左右進行的高茶（High Tea）；最後在一天活動即將結束，就寢前還會喝杯睡前茶。

　　在英國，因茶而產生的傳統有許多，像茶娘、喝茶間、下午茶、茶館及茶舞等。而在英國的紅茶文化中，特別值得一提的是「下午茶」。到了下午三、四點鐘時，英國人習慣有一段15～20分鐘左右的「茶點時間」，每天到這一時間，從家庭到公司，從學校到工廠，從貴族和富裕者到一般大眾，這時人們都會放下手中的工作，愜意地飲

一杯紅茶，並配以一些小點心。這個時段的休閒是舉國上下的統一動作，沒有法律條文規定，蔚然成風，形成優雅自在的下午茶文化，也成為正統的「英國紅茶文化」。到如今下午茶已演變成五花八門的茶會，成為重要的社交活動。英國人有種說法，認為女主人擁有成功舉辦茶會的能力，將有助於丈夫的事業。英國人對下午茶從茶葉的選用、茶具的品質、沖泡要領、擺放方式、場地氣氛等等，都頗講究。在下午茶會，主人們都會佈置一個優雅舒適的環境，擺上精緻華美的茶具，備妥各種優質紅茶和糕餅點心，使賓主都悠閒地放鬆心情聯誼。下午茶充分展示了英國紅茶文化的華麗和優雅精神。

　　英國人鍾愛紅茶，並賦予紅茶優雅的形象及豐碩華美的品飲方式，長期以來形成了內涵豐富的紅茶文化，更將紅茶推廣成國際性飲料，紅茶文化隨之在全世界傳播。

3.飲茶的推廣使英國獲取巨大的經濟利益

　　在英國隨著茶的推廣，給人們帶來了生活的快樂和健康長壽，但很少有人知道，英國有多少巨額財富就是由中國青山上採下的這些小小葉子累積起來的。

　　英國政府從茶葉貿易中得到的利益是巨大的，他們是這項貿易的主要受益者。英國徵收茶葉進口關稅，比中國徵收出口關稅要高得多。據一英國商人自述：1710年，中國對茶葉徵收出口稅每擔只0.2兩，1331／3磅（即一擔）的茶葉只徵收16便士的稅，而英國的進口稅為每磅5先令（合60便士）。

　　英國主要透過支持東印度公司茶葉貿易壟斷權並徵收高額茶稅來牟取暴利。英國東印度公司創立於1600年，到1858年解散，共存258年。初始靠「胡椒哺育起來」，1669年英國政府規定茶葉由英屬東印度公司專營，該公司開始自爪哇轉運中國茶至英國。1689年開始從廈門直接進口茶葉。該公司壟斷東方茶葉貿易達100多年，1834年壟斷權被取消，它是一個由英國政府特許設立的對東方，主要是對印度、中國經營壟斷貿易，進行殖民掠奪的組織。馬克思在《資本論》中說，這個公司「除了在東印度擁有政治統治權外，還擁有茶葉貿易，對中國貿易和歐洲往來的貨運的壟斷權。」是一個既擁有軍隊，又販賣茶葉，充滿血腥味的公司。如1704年，東印度公司在中國購買上等好茶或武夷茶每磅價格只要2先令，運到英國銷售每磅達16先令。1705年，英船「肯特」號在廣州購買茶葉470

擔，價值 14000 兩，平均每擔只耗銀 29.79 兩，折合起來不到 10 英鎊，而運到英國銷售，每磅以 16 先令出售，1 擔可售得 2132.8 先令，等於 106.64 鎊，售價在 10 倍以上，利潤之高，不言自明。據有關資料記載：1714～1721 年，英國政府徵收的紅茶貨稅和關稅共 1391143 鎊，年平均 173892.87 鎊；1748～1759 年茶稅總收入高達 6288588 鎊，年平均 524049 鎊。1784～1796 年度，英國政府取得的茶稅也達 4832180 鎊，年平均 402681.66 鎊。在東印度公司壟斷的最後幾年中，茶葉提供了「東印度公司的全部利潤」，而這時英國國庫取得的茶稅平均每年為 330 萬鎊，那麼東印度公司的利潤也不會低於此數。茶葉的稅收提供了英國國庫收入的十分之一。

正山小種紅茶發源地廟灣

4.茶葉貿易引發了兩次英荷戰爭和美國獨立戰爭

茶葉是由荷蘭人傳入歐洲的，最初的茶葉貿易完全是由荷蘭人壟斷的。英國東印度公司最初進獻給凱瑟琳皇后的兩磅紅茶也是從荷蘭手中購得的。由於飲茶逐漸推廣，對茶葉的需求不斷上升，茶葉貿易誘人的利益，使英國東印度公司開始與荷蘭人在茶葉貿易上尖銳對立。由於荷蘭船在大西洋和印度洋的往來絡繹不絕，幾乎壟斷了英國及其美洲屬地的航運，所以英國在1651年通過航海法，規定外國進口貨物至美國及其屬地，必須由英國船或出產國船隻來載運。航海法的通過，使英、荷之間的貿易競爭更加白熱化，最後在1652年至1654年，英荷兩國終於兵戎相見，爆發了英荷之戰。英國因在海上贏得一連串的勝利，打破了荷蘭人對海上茶葉貿易的壟斷，茶葉的進口量逐漸增加。

1665～1667年再度爆發了英荷之戰。由於英國再度獲勝，取得了貿易上的優勢，擺脫了荷蘭人而逐漸開始壟斷茶葉貿易權。1669年英國東印度公司獲得英國政府授予的茶葉專營權。

　　英國東印度公司不但將從中國低價獲取的茶葉運售國內，也積極銷往歐洲各國及美洲殖民地，獲取暴利。美國最早為荷蘭人管轄，1674 年，新阿姆斯特魯城為英軍所佔領，並改名為紐約，自此美國人也承襲英國人喝茶的習慣，並且由英國壟斷了美國的茶葉貿易。17 世紀末，波士頓的商店已經開始販賣武夷茶。及至 1773 年英國殖民政權為了增加利源，實行茶葉法，抽取過重茶稅，使殖民地人民負擔過重，引起當地人民的憤怒。當時英國轉運到美國的茶葉，均由波士頓轉口，英國運來的 3 船茶葉，受到波士頓抗茶會的抵抗，拒絕卸下。1773 年 12 月 16 日的寒夜，一群激進反英波士頓茶黨，化裝成印第安人，爬上停泊在波士頓港的東印度公司商船，將 342 箱茶倒入海中。波士頓抗茶會的抗議行動得到各地的響應，各地紛紛成立抗茶會，從而揭開了美國獨立戰爭的序幕，並於 1776 年贏得獨立。

　　中國與美國的貿易往來，最初也是從茶葉開始的。在1770年左右，波士頓富商托馬士・漢考克（Thomas Hancock）就在他的大商店出售武夷茶，他在傳單廣告中說：「如果武夷茶不合女士們的口味，妳們可以退貨並退回妳們的鈔票。」美國獨立後，美國商人紛紛投入到中美之間

直接的茶葉貿易。1784年2月美國第一艘「中國皇后號」快船，從紐約開航，經大西洋和印度洋到廣州，直接運回茶葉，獲得巨利。中美茶葉貿易的發展，使許多美國人因經營茶葉而成爲巨富。

正山小種紅茶發源地廟灣

第三章

正山小種紅茶生長的自然環境

福建武夷山自然保護區管理局所在地（星村鎮桐木村三港）

一、正山小種發源地特有的地理景觀

正山小種紅茶的發源地武夷山市（原崇安縣）星村鎮桐木村座落在福建武夷山國家級自然保護區內。正山範圍的其他部分也大部分落在該區內。福建武夷山國家級自然保護區位於福建省武夷山、建陽、光澤、邵武四縣（市）交界處，北部與江西武夷山自然保護區毗鄰。地處北緯27°33'～27°54'，東經117°27'～117°51'，東南寬22公里，南北長52公里，總面積565平方公里。

武夷山自然保護區在生物地理區劃上屬於印度馬來亞

界，北部灣中國熱帶林省，熱帶潮濕林生物聚落類型。根據中國植物地理區劃，其生物區係屬泛北極植物區亞洲東部森林植物亞區的邊緣，接近古熱帶植物區印度至馬來西亞區的北緣。

武夷山附近與同緯度其他地區相比較，具有獨特的自然環境條件。與該區所處的北回歸線的同緯度地區，除印度、中印半島北部，以及中國華南部分地區以外，三分之二以上都覆蓋著沙漠或半沙漠（撒哈拉大沙漠、阿拉伯沙漠，以及伊朗、巴基斯坦、墨西哥的沙漠）是世界上最大的沙漠半沙漠地帶。但在中國的東南地區卻沒有出現沙漠，而是濕潤的森林地帶，原因是這一地區處於世界最大的大陸和兩個最大海洋的邊緣，冬季盛行強烈的東北風和東風，有時比較乾冷，夏季常吹暖濕的東南及西南風，加之夏秋活動頻繁的颱風，給該地區帶來充沛的雨水。武夷山綿亘 500 餘公里，橫貫閩贛交界處，構成一線天然屏障，阻擋著冬季冷濕氣流向東侵入，而又阻留了春夏季向內陸吹來的濕潤空氣，使這一地區形成了溫暖多雨、雲霧繚繞、多種多樣的生態環境，從而發育著極為豐富多樣的動植物資源，這裏同時又是福建省氣溫最低、降雨量最大、相對濕度最大、霧日最多的地區。在夏季高溫多雨，

多季又較乾冷的氣候條件下，武夷山附近形成了其特有的
地理景觀，造就了中亞熱帶典型季風常綠闊葉林紅壤地
帶。

桐木村廟灣正山小種紅茶廠

二、正山小種發源地是世界馳名的生物物種資源寶庫

武夷山國家級自然保護區地處武夷山脈偏北段，其植被發育狀況最為良好，森林覆蓋率高達96.3％，而且保存非常完整。由於本區地理位置、地形地貌以及氣候條件的獨特性，決定了本區植物種類的豐富性和多樣性，在這裏孕育著極為繁多的動植物種群和豐富的森林資源。

這裏屬典型的亞熱帶季風氣候，由於山高谷深、相對海拔差別懸殊，以及不同的地貌類型，形成各式各樣的小氣候生境，給眾多的植被創造了一個生長、繁衍的優越條件，所以植物種類繁多，區係成分豐富，在這裏保存了完好的地帶性常綠闊葉林群落。據調查和統計，區內森林植被類型主要有常綠闊葉林、針闊葉過渡林、常綠落葉闊葉混交林、針葉林、中山矮曲林、中山草甸、竹林等11個植被類型。有低等植物840種，高等植物267科1028屬2466種，其中列入《中國植物紅皮書》中，具有較高科學價值、經濟價值的珍稀瀕危、漸危植物，及屬中國國家重點保護野生植物104種；區內優越的自然條件、豐富的植物種類、完整的森林生態系統、多樣的生態小環境為野生動物

的繁衍提供了豐富的食物和理想的棲息場所。區內已知的脊椎動物有475種，其中鳥綱256種，佔全省鳥類總數的47.4%，是世界上鳥類資源最爲豐富的地區之一。爬行綱73種，佔全省爬行總數的63%。昆蟲種類繁多，全國33個目中這裏有31個目（全世界共34目），已定名的昆蟲有4635種。在5000餘種動物中，其中屬國家重點保護珍稀野生動物57種。自1823年以來，中國國內外動植物專家先後在本地採集到的動植物特種（包括特亞種）模式標本近1000種。其中昆蟲新種模式標本就達779種，脊椎動物新種模式標本近100種，在這樣小區域面積上脊椎動物新種模式標本種類之多，實屬世界罕見①。

良好的生態環境和特殊的地理位置，使其成爲地理演變過程中生物的「天然避難所」和「天然博物館」，是中國東南大陸現存面積最大、保存最完整的中亞熱帶森林生態系統，是生物物種資源的寶庫，因此被中外生物學家譽爲「綠色翡翠」、「蛇的王國」、「鳥的天堂」、「昆蟲世界」、「世界生物模式標本產地」，是具有全球生物多樣性保護意義的地區，1987年被聯合國教科文組織「人與生物圈」國際協調理事會接納爲世界生物圈保護區；1999年又被聯合國教科文組織確認爲「世界文化和自然遺產

①何建源：主編《武夷山研究自然資源卷》。

地」，成為了國際著名的森林生態系統自然保護區。

　　區內完整的森林生態系統，形成了一種協調的生物鏈，各種生物之間相互依存、相互制約，形成高度的制衡性，在它們之間從不會出現任何一種蟲病成災的現象。而在區外由於大量採伐天然林，大面積營造人工純林，使得許多生物物種失去依存的條件而消失，嚴重破壞了它們之間的平衡性，以致出現大面積的森林病蟲害。如近年區外頻繁出現馬尾松松毛蟲災害，面積達幾萬畝，甚至越縣跨區蔓延至幾十萬畝，不得不動用飛機來滅蟲。而緊緊毗連的自然保護區內也有大量的馬尾松針闊混交林，卻從未出

桐木村桐木茶廠

現過松毛蟲害。人們不能不驚嘆大自然造物主的神奇和不可思議。

　　區內良好的森林生態系統又對茶園構成了一道天然的保護網。這裏的茶園都散落在溝底谷間，最大成片的茶園面積也只有100多畝，它沒有破壞這裏森林系統之間的平衡性，因此它不會出現茶園的蟲病成災的現象。據福建省有關科研人員在這裏的茶園進行的病蟲害試驗研究顯示，許多茶葉害蟲在這裏都有天敵，解釋了這裏茶園沒有病蟲害的原因。由於有良好的生態環境，這裏的茶園也就無需使用農藥，從而保證了茶葉原料的優良品質不受化學物質的污染，這種特有的優勢是許多茶區難以望及的。

早期由水車帶動的紅茶揉茶機

三、桐木村的地理位置、地勢、土壤和氣候 條件

1.地理位置和地勢

　　品質優良的茶葉,特別是一些名茶大多產於海拔較高的山地,「正山小種」紅茶品質優異,有獨特的高香,與該地區的地勢有著密切的關係,由於有獨特的生境條件,因此分布在該區內的茶園,具有其他地區無可比擬的自然生態環境。桐木村位於黃崗山主峰中下部,平均海拔1000米,該境內主峰黃崗山海拔2158米,是中國東南大陸的最高峰,素稱「華東屋脊」。周邊海拔超過1500米的山峰有110餘座,山體陡峻,坡度一般為75～80度,高差極為懸殊,與最低的谷地的高差逾1700米,河流侵蝕,深度可達500米以上。植被、土壤、小氣候等自然要素的垂直分化十分清楚;存有明顯的垂直地帶譜。氣溫與絕對濕度隨地勢升高而遞減,同時,由於山體高低差異,雲霧覆蓋因地而異,日照和輻射狀況也不同,由低處向上逐次為常綠闊葉林紅壤帶,針闊混交林黃紅壤帶,針葉林山地黃壤帶和山頂草甸土帶。

武夷山主峰黃崗山　　木榮　攝

　　桐木村的江墩、廟灣、麻粟等幾個自然村是小種紅茶的主產區，4000多畝茶園均分布在海拔700～1200米左右的山體下部或峽谷地帶。這些地區的氣溫都較平地低，夏季氣候涼快，冬季氣溫無嚴寒。高山日出遲，日落早，終日雲霧瀰漫，日夜的溫差比平地小，不冷不熱，極適於茶樹平穩發育生長，使茶葉中累積的內含物有一定的規律，有利於形成優良的品質。高山紫外線較強，有利於芳香物質形成。區內森林密布，降雨量豐富，相對濕度大，雲霧繚繞中把太陽的直射光轉變形成漫射光，更有利於茶葉的光合作用，提高茶葉有機物質的累積，因此產於該地的茶葉肉質肥厚，內涵豐富，香氣高。

2.氣候條件

　　茶樹的生長除了與地理位置、地勢有關外，還與陽光、溫度、水分、空氣、土壤等諸多條件有關。茶樹較耐蔭，除了適應森林中、雲霧中的漫射光環境外，對環境溫度要求平均溫度穩定在10℃以上，最適宜溫度在20～30℃之間，最低溫度-5～-15℃。對水分要求年降雨量在1000毫米以上，空氣相對濕度80%，尤其3～10月，平均月降水量100～200毫米，濕度80%。對土壤其pH4.5～6.5為宜，

位於閩贛邊界大峽谷中的桐木廟灣村

中值以上土壤不行，土壤深度不應低於60厘米。

桐木地區的氣候條件如下：

(1)溫度：茶樹比較喜溫，需要一定的溫度條件。溫度過高或過低均不利於茶樹的生長發育，而且直接影響到茶葉的

產量和品質。茶樹全年生長期的長短及產量高低與穩定通過10°C以上有效積溫有關，有效積溫越多，持續的時間長，茶樹全年的生長期就長。桐木地區的氣溫條件充分地滿足了茶樹生長的需要。該區屬典型的亞熱帶季風氣候，年平均氣溫在8.5～18°C之間，極端低溫-15°C。其主峰黃崗山年平均氣溫8.5°C，年降水量3103.9毫米，霧日長達120天，從黃崗山頂峰海拔2158米，到最低的大安源海拔590米，相對高差1568米，年平均氣溫由8.5°C上升到19.2°C，降水量則從3103.99毫米，降至1600毫米。桐木村幾個主要茶區廟灣、江墩、掛墩、麻粟等地的平均海拔在700～1200米之間，全年平均氣溫在11～18°C之間。在這樣的高山茶園，氣候溫和，一年四季溫度變幅小，晝夜溫差大，早晚涼而中午熱，在白晝溫度高，有利於茶樹光合作用的進行，可合成較多的有機物質。夜晚溫度低，茶樹呼吸作用弱，可減少養分的無益消耗，有利於茶樹營養物質的累積，提高鮮葉中有效化學成分，而促成茶葉品質好。

桐木正山小種紅茶初製廠外景

(2)降水量：茶葉在生產期間，要不斷地生育大量嫩芽，並且製造有機物質必須有足夠的水分供應；同時茶樹枝葉繁茂，蒸騰作用極為旺盛，也需有大量水分補充，因此水分是實現茶葉高產優質的主要因素。而降水量是茶樹生長所需水分的主要來源，因此在茶葉生長期，必須有充足的降水量才能滿足茶樹的需要，而桐木地區的降水量能為茶樹的生長提供極為有利的條件。該地區年降水量一般為1486～2150毫米，局部地方高達4037毫米。降水量從低海拔到高海拔是升高狀態，海拔700～1200米之間的茶葉分佈地帶的降水量一般均在2000毫米左右。由於受東南季風的影響。降水量主要集中在3～10月茶葉生長最旺盛的季節。

桐木廟灣的高山茶園

(3)相對濕度：茶樹在優越的濕潤條件下，使葉細胞的原生質更好保持高水的幼嫩狀態、芽葉嫩度高、品質好；同時水分充沛，有利於有機物累積，提高氨基酸、咖啡鹼和蛋白質的含量。桐木村從低海拔到高海拔相對濕度是上升狀態，海拔700～1200米之間的茶葉分布地帶的相對濕度平均在80％左右。一般在78％～84％之間。無霜期235～272天，霧日長達120天，由於無霜期較長，不僅對茶樹生長有利，還可免遭晚霜凍害。這是福建省濕度最大、雨量最多、霧日最長的地方。茶樹在這樣潤濕的條件下，對含氮化合物的形成非常有利，而且纖維素不易形成，使茶葉細胞的原生質更好地保持親水的幼嫩狀態，因而茶葉持嫩性強，品質優異。

桐木掛墩的高山茶園

3.土壤

　　土壤條件條件的好壞，也深刻地影響茶葉化學成分。土壤的物理性狀好，含有機物質豐富，全氮和可給磷含量高，酸鹼度適宜的茶園，茶樹的生長較好，可以獲得較好的茶葉品質；反之，土壤脊薄，團粒結構差，有機質缺乏，氮素供應不足，茶樹的生長就會受到很大的影響，鮮葉中有效成分含量少，則茶香低味淡，品質低劣。本區茶葉分布地帶的土壤主要是紅壤、黃紅壤，呈強酸性，pH4.5～5.0，土壤發育較好，土層厚度一般在 30～90 厘米。土層厚度呈高海拔到低海拔逐漸增加，土壤有機質物全氧含量是隨著海拔下降而降低，在海拔 700～1200 米的茶葉分布地帶爲黃紅壤地帶，該地帶土壤肥沃，表層有機質含量 5 ％～9 ％，全氮含量 0.25 ％～0.38 ％，腐殖質殘渣含量佔全土的 1 ％～4 ％。分布在這一地區的茶園，土層深厚肥沃，結構疏鬆，排水良好，含有機質豐富，呈酸性反應，十分有利於茶樹生長。茶樹可以從土壤中吸收到所需要的各種養分，使茶樹體內的物質代謝能順利進行。

　　綜上所述，桐木村分布在700～1200米地區的茶葉帶滿足茶葉生長需要的一切條件，而桐木村所特有的地理環境

和植被所形成的生境又是其他地方所不具備的，而這正是
「正山小種」與「外山小種」的根本區別，這也是其他地
區的茶葉可以模仿「正山小種」製作的工藝，也可以用馬
尾松柴去烘製，但絕做不出正山小種獨特的「桂圓香氣」
那種「王者之香」。數百年來「正山小種」紅茶一直被周
邊、本省、外省所模仿，但只能模仿其外形，卻絕不可能
兼具其內質。長期以來，正山小種濃郁香醇、雍容高貴的
品質傾倒無數英國人，也難怪英吉利人「遇武夷紅茶招待
賓客必起立致敬」。

村民正在採茶

第四章

正山小種紅茶興起和發展的人文環境

風光秀麗的武夷山九曲溪　友裕　攝

　　武夷山自宋、元、明起即出貢茶，明末和清初又出現了正山小種紅茶和烏龍茶。自此中國的不發酵綠茶、全發酵的紅茶、半發酵的烏龍茶這三大茶類中有兩大茶類出自武夷山。在讓人驚嘆之餘，也不禁產生一些疑問，爲什麼武夷山歷史上能屢出名茶？正山小種紅茶在桐木關的深山中產生爲什麼能夠漂洋過海、名震環宇？我們在了解了武夷山悠久的歷史和深厚的文化後，便會感到這絕不會是偶

然的，在武夷山具有出名茶的環境和條件。

　　大凡名山、名水、名人的讚揚是名茶得以誕生和賴以著名的基本條件①。名山，名水所憑藉的優越自然環境和氣候是出好茶的基礎，但好茶要成名茶，它還離不開優越的人文環境。有人更把名茶興起的原因歸結於一是當地較高的經濟發展水準和發達農業生產技術水準；二是有大量具有較高文化素質的閒適人士駐足當地並對當地文化有深刻的影響；三是僧侶階層的獨特作用；四是成為封建時代皇室的貢茶②。這些名茶興起的條件，在武夷山都是具備的。乾隆年間的《武夷山志》云：「名勝之多，土膏之厚，茶荈竹木之清佳以及騷人游士之吟詠，外而道書方士及雲藍香梵之所寄託不可勝紀。」我們且分而述之。

一、優越的人文環境是武夷茶成名的重要條件

　　《武夷山志》云：「名山勝境必因人而傳；名山、名水因名人而名益著。」山、水是這樣，名茶也是這樣，沒有名人的推崇，再好的茶也只能是好茶而已，不會成為名茶。而武夷山優越的人文環境，為武夷茶成名起了巨大的

①陳椽：《中國名茶研究選集──名茶歷史研究》，安徽農學院，1985年。
②王利華：《江南歷史名茶繁榮發展的原因試析》。

推動作用。

　　武夷山有4000多年的文明歷史。考古專家發現，早在夏商前（公元前21世紀）即有古越族的先民定居在武夷山區域，並在區域內遺留有船棺的遺跡。

　　秦漢時期，武夷山已成為閩越人的活動中心。

　　漢武帝劉徹於元朔元年（公元前128年），遣特使到武夷山封祭武夷君，同時將武夷山劃歸會稽郡（今浙江省）管轄，武夷山遂成天下名山，並引來不少仰慕武夷山的名人隱士。南北朝時文學家江淹在宋明帝泰始二年（公元466

早期由水車帶動的紅茶揉茶機

年），暢遊武夷山後，讚武夷爲「碧水丹山，珍木靈草，皆淹平生所至愛」。從此「碧水丹山」成了武夷山的代稱。

唐天寶七年（公元748年），唐玄宗李隆基派特使登仕郎顏行之入山封祭武夷君，並刻碑立禁，禁止在武夷山採樵捕魚。因此有人認爲唐時武夷山茶未見聞名，可能與這禁樵有關。

北宋咸平二年（公元999年），眞宗親筆御書「沖佑觀」匾額，將「會仙觀」改爲「沖佑觀」遣使節來武夷山。宋朝派遣四品、五品官員到武夷山「沖佑觀」任主管提舉達145人，其中有陸游、辛棄疾、劉子翬、朱熹等著名學者、詩人。

北宋淳化五年（公元994年）崇安縣正式建縣，武夷山從此開始續寫自己的篇章。自建縣開始的宋代成了武夷山歷史上最輝煌的時期。自隋開科舉以來，從隋至清，武夷山共有進士258人，而在從北宋到南宋（960～1279年）320年的歷史中，武夷山共出了214個進士，含三個特科狀元，超過了任何一朝。當時的武夷山以「道南理窟」而揚名國內。理學也稱「程朱理學」，「理窟」乃理學薈萃之

地也，「程朱理學」由北宋理學奠基人程顥、程頤創立，卻是在武夷山完善發展的，武夷山名儒胡安國、朱熹爲理學發展做出了突出的貢獻。

胡安國，字康侯，崇安人，紹聖四年進士，畢生致力於理學研究，他是理學奠基人程頤的再傳弟子，《春秋傳》是他研究理學的結晶。《春秋傳》曾被宋高宗列爲經筵讀本。《崇安縣新志》記載：「元仁宋皇慶二年……頒胡安國《春秋傳》，朱熹《易本義》、《詩集傳》、《四書集傳》，蔡沈《書集傳》於學官。本邑學術至此一躍而執全國學術之牛耳而籠罩百代矣。」清康熙皇帝曾賜其祠堂「霜松雪柏」匾額，可見其在理學顯赫地位和影響不同凡響。他的三個兒子和一個侄兒胡寅、胡寧、胡宏、胡憲個個都滿腹經綸，其中胡寅、胡憲均爲進士出身。而胡寧參與了其父《春秋傳》的編纂，《崇安縣新志》記載：「安國之傳春秋也，修纂檢討，盡出寧手。」

程朱理學構成中國宋代至清代一直處於統治地位的思想理論，還影響到東亞、東南亞、歐美諸國，其集大成者則爲朱熹。

朱熹（1130～1200年）字仲晦，紹興戊辰進士，是中

國文化史上最有地位的人物之一。在中國文化史、傳統思想史、教育史和禮教史上影響最大的首推孔子，後推朱熹。朱熹在武夷山生活近50年，著書教學。他從14歲到武夷山，其父以書託孤於武夷山著名抗金將領劉子羽，並尊父命拜劉子翬、劉勉之為師，劉勉之並以其女嫁朱熹為妻。到71歲逝世時，除在外當官9年外，都在武夷山度過。朱熹在武夷山先後創辦的「寒泉精舍」、「武夷精舍」、「考亭書院」先後影響了宋元數十位著名學者在這裏創辦書院，傳播理學思想。朱熹在武夷山著述、傳教使武夷山遂成理學名山。

名山又吸引了眾多的名人到此，如歷史知名人士，有顧野王、江淹、李商隱、范仲淹、晏殊、李綱、楊億、陸游、柳永、辛棄疾、劉基、戚繼光、徐霞客、董其昌、石濤、袁枚等等。這些名人大多留有文章或詩詞稱頌武夷山，又益發使武夷山名聲遠揚。在這眾多的文人墨客雅士駐足武夷山時，除了頌揚名山、名水外，其中有相當篇幅是頌揚武夷茶的。他們在茶餘飯後鬥茶品茗，以茶論文，更使武夷山茶名聲大噪。在集茶文、茶著、茶詩之大成的《中國茶文化經典》中就可以看到大量評武夷茶的文章、

詩詞，這對推介武夷茶，並使武夷茶的成名起了巨大的作用。

數百年來詠頌武夷茶的詩歌辭文無數，如宋范仲淹《和章岷從事鬥茶歌》云：「溪邊奇茗冠天下，武夷仙人從古載。」他把武夷茶的歷史推到遠古時代，越發增加了神秘感。蘇東坡的茶文《葉嘉傳》把茶樹譽為「葉嘉」，以擬人化的手法記述了武夷茶「茶葉嘉美」享譽宮廷，深得天子厚愛的情形。朱熹在武夷寓居之餘，還攜簍採茶，以此為樂，有詩為證：「攜簍北嶺西，採擷供茗飲，一啜

朱熹親手創辦的武夷書院坐落在武夷山的四曲溪畔

夜心寒，跏趺謝衾影。」

　　自宋時起，武夷名山與武夷茶交相輝映，武夷茶開始
崛起華夏，享譽朝野。民國《崇安縣志》記載：「宋時范
仲淹、歐陽修、梅聖俞、蘇軾、蔡襄、丁謂、劉子翬、朱
熹等從而張之，武夷茶遂馳名天下。」

二、武夷山儒、釋、道興盛是推動武夷茶發展的重要因素

儒、釋、道是中國傳統文化的三大支柱。中國的茶文化如同整個中國的傳統文化，融合了儒、釋、道三家的思想精華，儒家的人生追求，道家的自然理念，佛家的禪悟精神皆記於此。儒、釋、道與茶有不解之緣。

儒家以孔子為代表，是他奠定了儒家思想的基礎。儒家文化的核心主要體現在以「仁」為前提的「中庸之道」和「中和」的境界上。儒家思想是積極維繫統一、和諧、寧靜而又相依的社會秩序，追求社會的整體利益和個人自我完善。而茶是一種最好的媒體，透過品茶來陶冶情操，溝通感情，增進友誼，創造協調和諧的環境。這也體現了儒家中庸之道的精神。所以歷代儒家總是把品茶納入宣揚自己思想的軌道。

朱熹深通儒學，又是宋代理學之集大成者，在《朱子語類》錄有一則朱熹對建茶的中庸之德的認識：①

建茶如「中庸之為德」，江茶如伯夷叔齊。又曰：「南軒集言：『草茶如草澤高人，蠟茶如台閣勝士。』似

---

①《朱子語類》卷，一三八，雜類。

他之說，則俗了建茶，卻不如適間之說兩全也。」

朱熹把建茶（武夷茶也屬建茶）比之於「中庸之為德」，一杯清茶竟淋漓盡致地體現了儒家核心之思想。

佛教與茶的關係更為密切，中國的飲茶之風的盛行與佛教的傳播、普及有關。佛教寺院中和尚念經、打坐至深夜，為了防止打瞌睡而飲茶，有《封氏聞見記》中記載可資證明：「開元中，泰山靈岩寺有降魔師，大興禪教，學禪務於不寐，又不夕食，皆許其飲茶。人自懷挾，到處煮飲，從此轉相仿效，遂成風俗。」這段文字講到坐禪必須整夜不寐，又不允許晚間吃飯，但都允許喝茶。喝茶可以使僧眾通宵坐禪不眠，又能幫助消化，還可使人平心靜氣，六欲不生，喝茶自然成了僧眾生活中不可或缺而成風俗了。特別是唐代以後，禪宗日盛更使飲茶之風盛行天下。茶聖陸羽，自幼即被智積禪師收養，在禪院中度過童年，他對茶的最初了解和興趣也是從寺廟中獲得，並練就一手烹茶的高超本領。他所撰寫的《茶經》集當時中國茶道文化之大成，其中不乏對僧人嗜茶的記載。

飲茶不僅是學禪的需要，更是與禪宗的理念一致。佛教中有許多宗派，在這些宗派中，禪宗對茶文化的貢獻不

小。禪是中國化的佛教，主張「頓悟」，禪宗認爲佛法只有透過修行去體悟，就如喝茶一樣，只有自己去喝才可品嘗茶味，體現茶與禪的一體性，即所謂「茶禪一味」也。因此說，飲茶可以得道，茶中有道，佛和茶便緊密聯結在一起。《五燈會元》卷九記載：「如何是和尚家風？師曰：飯後三碗茶。」喝茶便被賦予濃重宗教色彩了。由於衆多佛教高僧對茶的推崇和培育，中國各地許多名茶都出自寺院僧人之手，如休寧松蘿茶，是明時僧人大方首創，故有「自古名寺出名茶」，哪裏有名山寶刹那裏就有名茶。

　　在道家的眼裏，飲茶是養生延年的手段，如張君房《雲笈七籤》中說：「若要湯藥，杏仁薑蜜及好蜀茶無妨，力未圓可以調助。」到魏晉時，道家已飲茶成俗，南北朝時已用於待客。南北朝時茅山著名道士兼醫學家陶弘景就提倡以茶養生。道教文化與中國傳統文化中的各方面都發生過關係，它對儒家、理學的發展產生過一定的影響。道家強調「天人合一」觀，追求人與宇宙自然的、和諧統一的境界。道家也講究修鍊和內省，崇尚清淨虛無、去塵離俗、恬淡無爲，追求清靜寡欲、質樸自然，這與「茶性淡味苦而甘」十分貼近契合。

　　武夷山是儒、釋、道三教同山的名山。民國《崇安縣志》記載：「崖下舊有三賢祠……近山俗人改建三教堂祀孔子、老子、釋迦」，反映了武夷山三教並存爭榮的史實。

　　武夷山之成道教名山始之漢武帝劉徹遣使到武夷山封祭武夷君。自那時起引來了不少仰慕武夷山的隱士進山修鍊，逐步地演化出皇太姥及魏王子騫等十三仙，形成武夷道教的雛形，最終成為全國道教「三十六洞天」之一的「第十六升眞元化之洞」。南宋時全眞道南宗五祖白玉蟾，對全眞道教創建和發展做了突出的貢獻，至今仍風靡的健身氣功「玉蟾功」相傳為其創建。他曾在武夷山止止庵修道多年，並與當時同在武夷山的理學大師朱熹過從甚密。北宋慶元六年（公元 1200 年）朱熹逝世，白玉蟾曾撰詩挽懷，如《題精舍》云：「至此黃昏颯颯風，岩前只見藥爐空，不堪花落煙飛處，又聽寒猿哭晦翁。」白玉蟾對道教發展有突出貢獻，他的道術吸收了佛教禪宗的同時，也吸收儒學理論。武夷山之所以能成為儒、釋、道三教名山與白玉蟾和朱熹在道教和儒學中權威地位及都是儒、釋、道三教文化貫通的人物，都對儒道的相互理解和融通有很大的關係。

　　宋、明二代是武夷山道教最盛時期，宋代新建和修建的道觀，有文字記載的27座，明代爲26座。規模最大的沖佑觀也興建和重建在宋、明二代。它在宋、明時有殿宇300間，周圍還拱衛著18座道觀。武夷山的道觀自唐宋以來，歷代有賜田，計達11000畝。

　　武夷山佛教的歷史也久遠，它幾乎與武夷山道教同時出現在唐朝。著名北宋武夷山籍詞人柳永，一生中唯一的一首詠唱武夷山詩《題中峰寺》中便有「千萬峰中梵室開」的佳句，反映唐宋武夷山佛教的鼎盛，寺廟林立的景象，《崇安縣新志》記載：武夷山佛教興於唐代和五代之時，共有寺廟54座，宋代共有寺廟72座，迄至明代有100餘座，清代寺廟接近200座。

　　唐宋以來，武夷山三教興盛，寺廟道觀林立，然而山中幾無農田，只有茶山。但山中土氣宜茶，僧人道士在釋經參禪之餘，還耕作茶山。周亮工在《閩小記》中記載：「黃冠既獲茶利逐遍種之，一時松栝樵蘇都盡，後百年爲茶所困，復盡刈之，九曲遂濯濯矣。」說明黃冠道士幾乎控制山中茶園。他們不僅喝茶、賞茶，還自己勞作種茶，製作茶葉，其中不少還是製茶高手，如清代康熙時武夷山著名寺僧釋超全曾在《武夷茶歌》中詳細記錄了武夷茶的

輝煌歷史及武夷山民背負貢茶的沉重負擔，記錄了黃冠道
士種茶的辛苦，也詳細記錄了武夷茶的製作工藝。僧道們
既有耕作之苦，也盡情享受品茶時的愉悅。他們用茶解
困，以茶待客，賞茶爲樂，這裏有白玉蟾在武夷山寫的
《水調歌頭・詠茶》詞爲證：

> 二月一番雨，昨夜一聲雷。
>
> 槍旗爭展，建溪春色占先魁。
>
> 採取枝頭雀舌，帶露和煙搗碎，煉作紫金堆。
>
> 碾破香無限，飛起綠塵埃。
>
> 吸新泉，烹活火，試將來。

與茶園伴生的珍稀植物——香榧

放下兔毫甌子，滋味舌頭回。

喚醒青州從事，戰退睡魔百萬，夢不到陽台。

二腋清風起，我欲上蓬萊。

　　到明末清初之際，武夷茶的生產製作多歸寺僧經營。而這些寺僧「多晉江人，以茶坪為業，每寺訂泉州人為茶師」①。閩南寺僧經營茶葉生產的現象到19世紀中葉時仍存在。1848年英國人田納（F. Fortune）到武夷山後，寫道「武夷山寺僧對茶葉種植與加工似乎比對佛敎禮儀更重視」②，由此可見武夷山的寺僧對武夷山茶發展起的重要作用。

---

①郭伯蒼：《閩產錄異》，卷一。
②莊國土：《鴉片戰爭前福建外銷茶葉生產和營銷對當地社會經濟的影響》，《中國史研院》，1999年第3期，147頁。

三、武夷山產茶歷史悠久製茶技術高超，是名茶輩出的技術基礎

武夷山何時有茶？按陳椽教授說：「按中國茶葉二世紀由西南向東南推進，武夷山該有茶了。」①他認為武夷茶最早被人稱頌，約在1500年前（公元479～502年間）就以晚甘候之名而聞名。②

唐朝時史書中對武夷茶已有較多記載。唐元和年間（806～820年）孫樵的《送茶焦刑部書》云：「晚甘候十五人遺侍齋閣，此徒皆清雷而摘，拜水而和，蓋建陽丹山碧水之鄉，月澗雲龕之品，慎勿賤用之。」唐時武夷山尚未建縣，隸屬建陽，而碧水丹山之鄉顯指武夷山，說明武夷山茶在當時已作為饋贈珍品。唐乾寧年間（894～897年）進士徐夤的《尚書惠蠟面茶》詩云：「武夷春暖月初圓，採摘新芽獻地仙。飛鵲印成香臘片，啼猿溪走木蘭船。金槽和碾沉香末，冰碗輕涵翠縷煙。分贈恩深知最異，晚鐺宜煮北山泉。」這首詩提到了唐時武夷山研膏茶和臘面茶製作的時間和方法。

宋朝時武夷茶開始嶄露頭角。北宋是中國製茶技術大變革時期，當時的建茶、北苑茶由於品質優異而入貢。明

①②陳椽：《中國名茶研究選集——名茶歷史研究》，安徽農學院，1985年。

朝王應山的《閩大記》說：「茶出武夷，其品最佳，宋時製造充貢。」其時武夷茶作爲北苑貢茶的一部分進貢。宋

武夷書院內朱熹撰文並書寫的「神道碑」

時大文學家蘇軾（1037～1101年）的《詠茶詩》稱：「君不見武夷溪邊粟粒芽，前丁後蔡相籠加，爭新買寵各出意，今年鬥品充官茶……」這首詩記述了宋咸平年間（998～1002年）丁謂監製御茶大龍鳳團茶和慶曆年間（1041～1048年）蔡襄監貢小龍團茶爭新邀寵的故事，說明北宋時武夷茶已屬建茶（北苑茶）中的珍品而成為皇家貢品的。其時大小龍團茶由於皇室恩寵而備受推崇，在北宋盛行約半個世紀之久。這也說明當時武夷山茶葉製作技術水準已相當高，領先於國內。

武夷茶單獨進貢則始於元朝。元代至元十六年（1279年）浙江行省平章高興過武夷製石乳入獻充貢，元大德六年（1302年）創御茶園於九曲溪之四曲溪畔，自此武夷茶就正式大量入貢了。

武夷茶單獨入貢後，名聲日漸擴大，並逐步揚名海內。但武夷山也深受貢茶之害，茶農不堪入貢的重負，紛紛離家出走，茶園漸荒蕪。至明洪武二十四年（1392年）「上以重勞民力，罷造龍團，惟採芽茶進貢」。即在明初，武夷山罷造工藝繁複勞民傷財的蒸青團茶，而改貢芽茶。

　　從原貢蒸青團茶改貢芽茶，由於製作技術不過關，宮庭並不賞識「即貢，亦備宮中浣濯瓶盞之需……」①。武夷茶在明初至明末進入一個低潮期。但武夷山人民發揮聰明才智，在明代中後期引進安徽松蘿茶製法後，改原有的蒸青綠茶爲炒青綠茶，並結合自己原有的技術優勢，創造了發酵和半發酵技術，在明末、清初創製出武夷山正山小種紅茶和武夷烏龍茶，在中國茶葉發展史中寫下了里程碑式的篇章，奠定了不發酵茶、發酵茶、半發酵這三大茶類

①談遷：《棗林雜俎》）

的基本格局，時至今日中國茶葉製作技術也未超過這個範疇。

隨著明末正山小種紅茶的誕生，並輸出國外，揚名國際市場，極大地帶動了中國生產紅茶的積極性，帶來了中國茶葉市場近三百年的繁榮。

到了19世紀末的清末時期，由於小種紅茶繁榮的市場，因此各產茶區紛紛仿製，但由於區域、品種等的差異，只能因地制宜，改進加工步驟，創製了適合於更大產區範圍加工的工夫紅茶。工夫紅茶雖一度在國際市場上火熱，但很快被印錫紅碎茶壓倒。在清末民初伴隨著國運衰落，於是在20世紀初小種紅茶漸漸衰落。在小種紅茶逐漸衰落之際，武夷岩茶開始鵲起，並暢銷於南洋一帶，至今武夷岩茶仍居中國十大名茶之列。

綜觀武夷山1500餘年的茶葉生產幾經潮起潮落的歷史，它既創造了宋元和清代的輝煌，也經歷了明代前中期和清末民初的跌落。但具有豐厚茶葉生產傳統和聰明才智的武夷山人民在每次跌落中都會總結經驗再次崛起，引領風潮。具有這樣的傳統，再加上武夷山的「山中土氣宜茶」，在這裏屢出名茶就不覺得稀奇了。

四、發育良好的市場，是正山小種紅茶走出國門並迅速發展擴散的關鍵因素

明末清初以來，武夷山的茶葉生產在新工藝、新技術的引領下，出現了嶄新的繁榮局面。武夷山的僧道們控制著武夷山茶產，並帶動著周邊的茶葉生產，加上山中土氣宜茶，就形成了「環九曲之內，不下數百家，皆以種茶為業。歲所產數十萬斤，水浮陸轉，鬻之四方」的茶葉生產繁榮局面。並使武夷山的星村、下梅、赤石成為著名的茶葉集散地。每年茶上市吸引無數茶商到此採購，甚至周邊縣市、鄰近省份也把茶運到這裏銷售，所謂「茶不到武夷不香」。

武夷山居於茶葉集散中心的地位，大大方便了當地茶

農，他們當年生產的茶葉能夠很快銷售出去，有利於刺激茶農生產的積極性。同時開放的茶葉市場，形成競爭的氛圍也促進茶農加強管理，改進技術，提高茶葉品質，形成茶葉市場持續的繁榮。

明末清初每臨茶季紛至沓來的茶商中，數閩南茶商最為著名，由於本地茶產素為寺僧操持，寺僧中有許多閩南人，並聘用許多閩南籍茶師，特別是明末清初許多閩南人內遷此地，因此閩南籍茶商便有語言相通、鄉情易溝通的優勢。再者本地人素不善商賈，憚於遠行，茶葉的銷售自然依賴外地人，特別是閩南人的經營。更重要的是加上閩南海商在遠東和東南亞海上貿易上佔據優勢地位，因此在明末清初閩南商人形成的內陸茶商、行商、海商、海外華商的貿易網絡，推動了武夷茶的輸出。

良好的茶葉市場環境和海外貿易網絡的形成，使得桐木村正山小種紅茶一出現，便能夠迅速進入星村市場，並很快被兼做海外貿易的閩南商人採購去，透過這些閩南商人與剛好進入遠東，對東方一切物產既陌生又好奇的荷蘭商人貿易，正山小種紅茶一誕生就這樣既迅速又幸運地到達歐洲。

第五章

武夷紅茶各時期的生產及
對當時社會的影響

一、17 世紀武夷紅茶的生產及對社會的影響

　　武夷正山小種紅茶自 1610 年由荷蘭人傳至歐洲是當作一種東方珍奇的物產傳入的。相當一段時間並不流行，只是供宮庭、貴族、商人等上流社會享用。由於價格異常昂貴，不是一般民眾享用得起。17 世紀時有記載：「倫敦市中，茶值每磅需銀 100 元。」1657 年，英國最早的茶商托馬斯‧卡洛韋出售的茶葉，每磅 6～10 英鎊。而當時英國一個普通工人每天僅賺 4 便士（1 英鎊為 20 先令，240 便士），因此有「擲三銀塊飲茶一盅」之說。

　　《清代通史》記載：「康熙二十三年（1684 年，亦即這一年清政府解除第一次海禁），東印度公司通知英商云：現時茶已通行，望每年購上好新茶五六箱運來，蓋此僅作饋贈之用。」這時紅茶已傳至英國 40 多年，每年僅需五六箱，可見此時紅茶尚未流行。紅茶傳入荷蘭比英國早 30 年，因此推廣更快些，《茶葉全書》記載：「約 1640 年茶成為海牙社會上之時髦飲料。」但消費數量也不大。據推算在 17 世紀末時荷英兩國年進口武夷茶的數量約為 3 萬磅（225 擔）。只需 750 畝茶地的生產量便可以達到。這樣的產量和需求對當地的經濟和社會影響是有限的。

　　18世紀以前歐洲人用什麼價格購買武夷茶尚不清楚，但是售價如此之高，購買價肯定不菲。這裏可用1704年「英國東印度公司在中國購買武夷茶每磅價格2先令，運到英國銷售每鎊達16先令」①。推算18世紀初武夷茶出口價達每擔13英鎊6先令，約折銀每擔40兩。這樣優厚的價格足以推動紅茶生產不中斷。因此比社會和經濟影響更重要的意義是：武夷正山小種紅茶首次打開了中國茶葉的世界市場。《崇安縣新志》記載：「武夷茶……衰於明而復興於清。」「清興復由衰而盛，且駸駸乎由域中而海行海外，而武夷遂闢一新紀元年矣。」

①陶德臣：《中國茶葉商品經濟研究》，軍事誼文出版社，1999年，140頁。

二、18 世紀武夷紅茶的生產及對社會經濟的影響

1.18世紀武夷紅茶的生產規模急劇擴大

　　武夷紅茶的貿易開始急劇上升是17世紀末期。1684年清政府正式取消海禁，設立江、浙、閩、粵四海關，確定廣東之黃埔，福建之廈門，浙江之寧波，江南之雲台山為對外貿易港；英國經過兩次英荷戰爭掌握了海上霸權，開始了與荷蘭壟斷的東方茶葉貿易展開競爭，競爭的結果，導致茶價下跌；加之英國皇室推崇紅茶，導致英國社會上下興起一股飲茶之風；同時透過殖民活動，又把這股飲茶之風向世界更廣的範圍傳播。與此同時茶價大為降低，滿足了平民百姓的一般需求。英國茶價1658年每鎊60先令（合3英鎊），1666年是2英鎊18先令，到了18世紀初便降至17先令半一鎊，到18世紀50年代便只有8先令①。

　　伴隨著茶價不斷下降，茶葉輸入量反而急劇上升。日本角山榮先生統計：1721～1750年30年間，英國東印度公司共進口武夷、工夫、小種、白毫紅茶共21633442磅，平均每年進口721114磅（5409擔）。另一茶葉運銷大國荷蘭

①陶德臣：《中國茶葉商品經濟研究》，軍事誼文出版社，1999年，85頁。

在17世紀初期仍佔據茶葉貿易優勢，每年應不少於此數，顯示18世紀上半葉武夷紅茶平均每年銷售量已逾萬擔。

武夷鎮下梅鄒家因經營茶業而發跡建造的大宅子　木榮　攝

崇安縣三大古茶市之一——赤石村

18世紀的後50年，武夷紅茶的出口較上50年更是急劇增長，到1792年武夷紅茶出口約爲18.35萬擔，是上世紀末年平均出口量的815倍。

18世紀關於武夷紅茶外銷大盛的記載頗多，然而需要指出的是：18世紀中國茶葉外銷中，平均80％以上都是紅茶，其他爲綠茶，如熙春、松蘿等。紅茶中都是武夷紅茶，其時各種記載中，供外銷的「武夷茶」指的都是武夷紅茶。

18世紀是武夷紅茶最爲輝煌的世紀，是武夷紅茶獨步天下的時期，當時有諺云：「藥不到樟樹不靈，茶不到星村不香。」反映當時各地所產的茶葉大都以星村爲集散

地，輸出的武夷紅茶壟斷海外市場一個多世紀①。

2.武夷紅茶外銷擴大，促進茶葉生產迅速發展， 給社會經濟帶來深刻影響

　　隨著茶葉出口不斷增加，種茶成了當地農民一種有利可圖的生產事業。武夷山區「自各國通商之初，番舶雲集，商民偶沾其利遂至爭相幕效，漫山遍野，愈種愈多」。星村、下梅成為崇安縣茶市中心，附近各地如浦城、江西玉山等地茶均以星村為集散地「鬻茶者駢集，交易於此，多有販他處所產，學其焙法以贋充者，即武夷山人亦不能辨也」。整個武夷山區「商賈雲集，竊岸僻徑，人跡絡繹，哄然成市矣」。

　　紅茶外銷的擴大，給當地帶來豐厚的利益，成為當時崇安的經濟泉源，「全盛茶葉每年輸出值數百萬兩」②。陶德臣先生的研究：「武夷山，1732年每擔價13至14兩，1738年是14至15兩，1751年為15兩5錢，1754年又增至19兩③。照這樣的推算，每年輸出值以200萬兩計，當時從崇安輸出的茶葉量已達10萬擔以上。

　　商人因茶葉致富者不在少數，乾隆時崇安下梅著名茶

①高章煥、莊任：《繼往開來自強不息——一校勘有關福建茶史資料札記》，《福建茶葉》，1999年第1期，5頁。
②陶德臣：《中國茶葉商品經濟研究》，軍事誼文出版社，1999年，156頁。
③1773～1782年，每兩合7先令3便士，1英鎊約折銀3兩。

商鄒茂章（1704～1778）便是代表。崇安縣下梅村鄒氏族譜記載：「在康熙甲戌年後（1694年），由其父鄒元老率四子由南豐入閩定居崇安縣下梅里始燒炭，墾荒種茶艱辛創業，後經營武夷茶獲資百萬。」乾隆十九年（1754年）「在梅購地建宅七十多棟，所居成市」。《崇安縣新志》記載：「鄒氏經商得道，去粵東，通洋艘，不與市中較銖兩，與海外交易誠信為本，洋人所至輒倍償其利，由是家家日饒裕，為閩巨室。」縣志還記載當時茶市盛況：「其時武夷茶市集崇安下梅，盛時日行300艘轉運不絕。」按竹筏每艘載300～350斤計，其日轉運量當在千擔，以當時下梅一市有如此規模，加上星村茶市，其時崇安茶葉年產量應在10萬擔以上。

紅茶外銷的急劇擴大，使正山小種紅茶的生產也不斷向外擴大，全省各地都出現仿製的武夷紅茶。1706年，釋超全在《安溪茶歌》中已表明安溪在仿製武夷茶出口；道光時的《廈門志》記載：「安溪、惠安出北嶺茶甚盛。」指當時有不少商人將安溪、惠安兩縣所產茶運至廣州，以武夷茶之名出售。1734年的崇安縣令劉埥在其《片刻餘閒集》中寫道：「外有本省邵武、江西廣信等所產之茶，黑色紅湯，土名江西烏，皆私售於星村各行。」

　　崇安縣周邊各縣更是捲入武夷茶的生產中，如浦城：「浦茶之佳者轉運至武夷加焙，味較勝，價亦頓增。」如政和縣，乾隆年間，政和縣蔣周南的詩歌寫道：「小市盈筐販去多，列肆武夷山下賣，楚材晉用恨如何？」如連江縣，乾隆時有人「以火焙膺爲武夷者」。其時武夷紅茶之產地已遍及建屬崇安、建陽、歐寧、建安、政和、松溪、浦城 7 縣①。但在道光以前，產茶主力縣僅爲崇安、建陽、歐寧 3 縣，《東瀛志略》記載：「茶固閩產，然只建陽、崇安數邑。」崇安其時生產茶葉的繁榮自不必說，建陽茶葉之盛不亞於崇安：「茶山綿延百十里，寮廠林立。」然而「凡建屬之產盡冒武夷。」

　　武夷紅茶外銷大盛給周邊地區，乃至給中國都帶來了極大的財富。江西河口鎮在明代中期前只有兩三戶人家，清代武夷山茶大量外銷，河口鎮地處信江邊，是茶葉入鄱陽湖，再南下廣州，北上恰克圖的必經之地。武夷山茶葉在崇安星村、下梅不但匯集了該地茶戶，而且吸引了附近各縣的茶葉入市，茶商在這裏精製、包裝後運至江西鉛山河口鎮，因此河口鎮又成爲一個大集散地，造就了河口鎮百年的繁榮。茶箱從這裏翻山越嶺到廣州達2800華里，估計運輸費佔成本的1/3，使成千上萬的船夫、挑夫得以糊

①徐曉望：《清代福建武夷茶生產考證》，《中國農史》，1958年第2期，79頁。

口。而陸運至恰克圖，常常是晉商「擁資二三十萬至百萬元，每春來武夷山，將款及所購茶單，點交行車，恣所爲不問，茶事畢，始結算別去」。武夷山至恰克圖5000多公里，其運輸場面極爲壯觀，「駝隊駱駝常常成百上千，首尾難望，駝鈴之聲數里可聞」。

3.英國東印度公司用鴉片交易填補英中茶葉貿易逆差，給中國社會造成嚴重後果

18世紀茶葉貿易的發展使白銀源源流入中國，在早期的中英貿易中，英國需要越來越多的茶，卻無適合中國需

要的產品來交換，只得把大量的白銀運來中國購買茶葉。早年來華的英國商船，運載的白銀常常佔90％以上，貨物價值不到 10 ％。如 1730 年東印度公司有 5 艘商船來華，共載白銀582112兩，貨物只值 13711 兩，白銀佔97.7％。據有關資料統計：1708～1760 年間，東印度公司向中國出口白銀佔對華出口總值的 87.5 ％①。莊國土先生估算 18 世紀從歐美運往中國的白銀約 1.7 億兩。白銀大量流入中國，在中國還一度造成「錢貴銀賤」。英國東印度公司為了扭轉白銀的流向，雖採取種種辦法均無濟於事。但最終「解決辦法終於在印度找到了」②。居然使用了毒品——鴉片。

從1773年東印度公司對鴉片實行專賣到1785年的12年中，公司從鴉片貿易中共獲利534000英鎊③，從1804年以後，東印度公司「必須從歐洲運往中國的現銀數量就很少，甚至全不需要，相反，印度向廣州的輸入的迅速增加，很快就使金銀倒流」。1806～1809年，約有700萬元的銀塊和銀元從中國運往印度，以彌補貿易的差額，這是英國對華出超的開始④。鴉片貿易的發展，不但使金銀倒流，而且這種毒品在中國的傳播，對中國社會產生非比尋常的影響，帶給中國人民無窮的災難。

① 蕭致治、徐方平：《中英早期茶葉貿易》，《歷史研究》，1994年第3
　　期，147頁。
② 《鴉片戰爭前中英通商史》，8頁。
③ 《鴉片戰爭前中英通商史》，97頁。
④ 《鴉片戰爭前中英通商史》，96、13、9頁。

散生在黃崗山海拔近 2000 米的茶樹　盛才　攝

三、19世紀以後武夷紅茶的生產和對社會的影響

1.武夷紅茶的生產在19世紀中葉達到鼎盛

19世紀是紅茶迅速發展的時期，武夷紅茶在這時期達到頂峰。1838年自廣州出口的武夷茶達1.5萬噸（30萬擔），以當時紅茶平均出口比例80％計，紅茶佔24萬擔。《武夷山市志》記載：清咸豐四年（1854年），建茶出口量650萬公斤（13萬擔），次年即增至1350萬公斤（26萬擔）①。⑩這大約是武夷山對武夷紅茶有記錄的最高出口量。雖然頂峰的1880年從福州出口紅茶635072擔，然而此時工夫紅茶已佔有相當部分。

武夷紅茶的生產地區從上世紀的十餘個縣，擴大至二十餘縣，遍及建寧府、邵武府、延平府、泉州府、福寧府、永春州等6府州②。

五口通商後在武夷茶區茶樹擴植如火如荼：「崇安星村武夷山俱由建陽至府，近來茶山愈開愈廣，深山幽谷，伐木種茶，森林變成茶地。」桐木村境內的掛墩、麻粟、雙溪口、黃泥坪、古黃坑、皮坑、半山、龍渡、先峰嶺、

---

① 《武夷山市志》，物產篇。
② 徐曉望：《清代福建武夷茶生產考證》，《中國農史》，1988年第2期，80頁。

大竹嵐、茶東坑、活龍坑、皂栗山，桐木關外的大坑煙埠、旁皮坑、豬魔坑、余家源、蓮花燕、老廠、廟基、西坑源等，原來都是山高嶺峻無人居住的地方，處處都有人在此安家立業以開山種茶爲生，久而久之，這些山高水冷之處都發展成爲人煙聚集的村莊或茶廠了。現在桐木村海拔2000米的茂密森林中還能找到當時茶園的遺蹟和廢棄的老茶樹，而現今茶園已退至海拔1200米以下地區，可見當年桐木茶園擴展的規模之大。當時的記載：「自開海禁以來，閩茶之利，較從前不啻倍蓰。」農民在「茶與稻相較是茶利厚於稻多矣」的情況下，把稻田「皆改種茶」。當時的茶業生產規模很驚人，每年的茶季從江西到武夷山的採茶、製茶工往往都有萬餘人。

正山範圍內以茶爲生的廠戶（茶農）約有六七百戶，每年生產正山小種紅茶的產量約有 30 多萬斤。製茶的茶莊、茶行大小約有二三十家。正山小種中心產區的桐木村，在咸豐同治年間也出了一個頗具規模的「梁品記」茶莊。「梁品記」茶莊老闆梁炳基爲當時桐木最大的茶老闆，在正山範圍計有 99 個茶廠，估計其產量在一兩千擔，由於生產的正山小種紅茶是完全的正山貨，品質優異，每年新茶上市在福州競價拍賣時，洋買辦均以「梁品記」紅

茶為標準，其賣價最高，其家族經營紅茶獲利巨萬，但後代花天酒地，至民國時隨著紅茶地位一落千丈，梁家也沒落了，在廟灣僅留一廢墟。

咸豐年間，排崇安朱、潘、萬、丘四大家族之首的朱家，也以茶葉起家。《崇安縣新志》載：「清順治初，朱雲龍由安徽歙縣遷崇安。咸豐中，裔孫芷江以茶葉起家，號百萬。」

2.19世紀末武夷紅茶盛極而衰

19世紀對武夷紅茶生產影響最大的三大事件，使武夷

紅茶在國際、國內、省內的影響逐漸下降。

一是 19 世紀初的道光年間，由於紅茶的需求急劇擴大，一些綠茶產區也開始改製紅茶，先後出現了江西、湖南、湖北紅茶產區，接著 19 世紀 70 年代安徽祁紅產區出現，各地都創出自己的品牌。武夷紅茶從上世紀爲中國紅茶總稱的地位跌落，在中國外銷紅茶的比例不斷下滑，影響逐漸降低。

二是在本世紀中後期的60年代，由於小種紅茶製法繁複，費時費工，各產區逐漸改進，簡化加工步驟，創造了工夫紅茶，隨後閩東紅茶區崛起，不僅產量超過閩北，而且在品質上也有創新。工夫紅茶的出現代表著武夷紅茶在省內的影響也在逐漸降低。

三是印度、錫蘭紅茶的崛起。對武夷紅茶，對中國紅茶影響最大的還是印錫紅茶的崛起。印錫茶出產的初期成本高昂，茶質不佳，很難打開局面，但印錫茶業幾乎爲英人資本經營，實爲英國茶業。而英商掌握著市場，控制著外銷大權，由於華茶對外銷的依賴，英商一方面肆意壓低茶價，另一方面在英國對華茶實行歧視性關稅，打擊華茶。在中國清政府腐敗無能，苛捐雜稅，加重茶葉負擔，

各國列強紛紛入侵，奪取各種特權，進一步摧殘茶葉。內憂外患下的中國茶葉以小農經濟的落後生產方式與大規模的先進資本主義生產方式競爭，華茶的衰敗是不可避免的。僅 60 年的時間，印度紅茶輸出便在 1900 年首次超越華茶，結束了近 400 年來華茶的壟斷地位。此後錫蘭急起直追，1917 年錫蘭茶壓倒中國，成為世界第二大茶業輸出國。最多的一年 1920 年竟是華茶輸出量的 4.5 倍。1918 年爪哇位列中國之上，成為世界茶葉輸出國三大巨頭之一。1918 年，印茶是華茶輸出的 6 倍，佔世界茶葉總輸出的 45.89 ％，而華茶僅佔 7.5 ％，居於微不足道的地位。

　　19世紀一連串的重大事件帶來的影響便是武夷紅茶生產在本世紀後半期快速跌落。雖然19世紀80年代中國紅茶外銷達到鼎盛，但茶價從70年代起便日益跌落。80年代後半期茶價跌幅更大。福建茶外銷度大，因此跌價造成的影響也更大，衰落得更早些。光緒中期「福州茶商多至虧本」，1887年福州附近100斤袋茶只售價7～8元，尚不夠工錢。1889年最為虧本，有三百萬元之譜，許多人完全破產①。光緒末年，閩北茶區「多有枯枝，蔓草荒蕪，人懶芟除，隙地之處，兼栽番薯」，「茶園十荒其八」。

---

①陶德臣：《中國茶葉商品經濟研究》，軍事誼文出版社，1999年，196頁。

　　清光緒後，關於正山小種紅茶的產量在《武夷山市志》中有若干年份的記載，茲錄於下：

清光緒六年（1880年）：桐木紅茶（包括正山小種15
　　　　　　　　　　　　萬公斤，價值15萬元）

民國 3 年（1914年）：數萬公斤
民國 5 年（1916年）：2.5萬公斤
民國28年（1939年）：4萬公斤
民國30年（1941年）：0.05萬公斤
民國36年（1947年）：1.25萬公斤
民國37年（1948年）：0.15萬公斤

　　可見由光緒入民國，武夷紅茶產量大幅跌落，其在茶葉市場的影響日漸式微。但福建紅茶「久爲環球各國所同嗜」，即使是在英國競銷失敗後，高檔紅茶如正山小種、祁紅仍有市場①，《崇安縣新志》記載：英吉利人云：「武夷茶色，紅如瑪瑙，質之佳過印度、錫蘭遠甚，凡以武夷山茶待客者，客必起立致敬。」「近世以來，雖因製法不良，不無受印度、錫蘭、爪哇、台灣各茶之影響，然因土壤之宜，品質之美，終未能攘而奪之。」

　　解放以後，正山小種紅茶的生產逐漸得到恢復，爲了

①陶德臣：《中國茶葉商品經濟研究》，軍事誼文出版社，1999年，291頁。

保護這一特殊的茶產，茶界泰斗張天福先生曾在省政協大聲疾呼，採取有力措施扶持這一歷史名茶的生產①。到20世紀90年代的1992年桐木村紅茶廠的正山小種紅茶全年已生產20.5萬公斤（4100擔），且全部出口②。進入21世紀，改革開放春風勁吹，武夷山的知名度越來越大，和世界各國的交往愈來愈頻繁，歷史名茶武夷正山小種紅茶名聲逐漸又鵲起。現在桐木村的茶園已經漸漸恢復到歷史最好水準，擁有大約5000畝茶園，正山小種產量已逾4000擔。區內元勳茶廠廠長江元勳承繼祖上500多年來的茶葉事業，目前已集中桐木村70%的紅茶生產。產品獲多國有機茶認證，出口美、日、英、德等國；另一家為桐木紅茶廠也佔據了全村另外30%的紅茶生產比率。

　　正山小種紅茶正在努力地恢復它本來的歷史地位。

3.探尋紅茶貿易的源頭，使桐木村成了蜚聲國際的著名生物模式標本產地

　　正山小種紅茶在17世紀初從桐木村輸出，就像山澗的涓涓細流，經過兩個多世紀的歷程已匯成滔滔江河。當時西方在與中國進行茶葉貿易時是長期處於貿易逆差狀態，解決這一問題的關鍵在於自己能製造紅茶，因此探尋紅茶

---

① 《張天福選集》，283。
② 《武夷山市志》。

秘密一直是他們所夢寐以求的。如英國特使馬嘎爾尼在1792年是以祝賀乾隆皇帝80壽辰之名，而實際上負有英國東印度公司到中國採集茶樹和茶種的特殊使命，最後在兩廣總督長麟幫助下，如願以償①。作爲紅茶貿易源頭的桐木村，則一直是外國人尋奇探幽的目的地，根據記載早在1699年紅茶貿易開始大發展的時期，英國人傑克明‧薩姆（Jcamin Tham）進入武夷山桐木一帶採集植物標本②，這些外國人的身份一般是生物學家、傳教士，但往往在這些身分的掩蓋下進行探尋紅茶秘密的活動。但探尋紅茶的

---

① 蕭致治、徐方平：《中英早期茶葉貿易——寫於馬嘎爾尼使華200週年之際》，《歷史研院》1994年第3期，152頁。
② 《福建武夷山國家級自然保護區大事記》。

崇市縣三大古茶市之一的下梅村曾經日行運茶竹筏三百艘的梅溪

初衷卻又引出了另一個結果。這裏茂密的森林和豐富的
物種吸引了他們的目光。

　　桐木村位於福建武夷山自然保護區核心地帶，這裏地
處溫帶、亞熱帶交替地區，是世界動物地理分布兩大區
（古北區、東洋區）之間的過渡地帶，境內包括武夷山主
峰黃崗山（海拔 2158 米），還是候鳥南北遷徙的休憩地。
境內保存有大片的原始森林和植物群落，形成了世界少有
的特殊自然條件和地理環境，動植物資源極為豐富，新種
繁多。這自然吸引了這些有生物學家身份的學者們的注
意。他們把採集的一些動植物標本帶回歐洲後，發現了大
量的新種，則引來了更多的生物學家和神父，其中較出名
的有：1823 年法國神父羅文正在掛墩建立天主教堂，採集
了 31000 多號珍稀植物標本。還有美國人 F.P.Metcalf（時
任協和大學生物系教師），奧地利人 H. Hand Mazz.①。
1840 年鴉片戰爭中國失利後，外國人進來更方便了，其中
採集植物標本最著名的則是 1843 年和 1848 年兩次到武夷
山把紅茶秘密竊出的英國人福瓊（R. Fortune），採集動物
標本的則是曾在四川寶興發現中國大熊貓和鴿子樹珙桐的
法國傳教士大衛（譚微道）（P.A.David），他在 1873 年
來到掛墩採集大量動物標本，回國後發表若干鳥類和哺乳

①《武夷山自然保護區科學考察報告集》。

類動物新種，標本存於巴黎自然博物館，崇安桐木掛墩開始聞名於世。大衛之後還有曾在福州海關任稅務司的英國人J.D.La Touhe於1896～1898年間多次到掛墩採集動物標本，還把掛墩周圍最高的一座山峰命名爲大衛山（Mt David）。他們還在三港、掛墩設置教堂，這些教堂常常成爲收購標本的轉運站。這些外國人常用高價收買標本，引起當地農民爭先恐後將所採集標本賣給他們。桐木、掛墩一帶本是正山小種產茶區，曾因外國人大量收購標本致使茶區荒蕪。

稍後進入桐木採集動植物標本的。還有英國醫生斯坦利（A. Stanley），美國紐約自然博物館兩棲爬行動物學者波普（Clifford H. Pope），英國標本商史密思（F.T. Smith），德國昆蟲學家克拉帕利希（Klapperich）。這些採集的標本中先後發表了近千種動植物新種，遂使桐木、掛墩、大竹嵐地區成爲蜚聲國際的著名生物模式標本產地。桐木及周邊地區在1979年被劃爲國家級自然保護區，1987年成爲聯合國教科文組織「人與生物圈」保護區，2000年更成爲「世界自然與文化遺產」地。

The 'stream of Nine Winding' ,its twisting
course threading its way through fantastic rocks
and peaks, was in just the kind of Chinese
landscape that enchanted Robert Fortune, in spite
of the fact that it held many dangers.

（九曲溪，蜿蜒流淌於奇峰異石之間，
正是這種中國式的風景
深深迷惑住了羅伯特‧福瓊，
絲毫不顧其中隱藏著的許多危險。）

該圖是羅伯特‧福瓊於1843年7月在武夷山採集標本時，為九曲溪綺麗風光
而作。

武夷山四曲溪畔元代設置的皇家御茶園遺址

第六章
武夷紅茶的對外貿易和外銷路線

一、17 世紀武夷紅茶初起階段的對外貿易和外銷路線

1.17世紀武夷紅茶的對外貿易

　　陶德臣先生認爲：「古代中國的茶葉外銷可分兩個階段，清代前比較複雜……以紅茶爲主，清代以降……最先出口的是武夷紅茶，旋綠茶壓倒紅茶，18世紀後半期起又以紅茶爲主，綠茶爲輔。」①蕭致治先生的研究認爲：「1706年以前外銷的都是紅茶，1706年以後除繼續出口紅茶以外開始出口綠茶。」②《清代通史》記載：康熙四十五年（1706年）綠茶（有大珠茶、小珠茶、熙春茶、雨前茶屬之、婺源茶、屯溪茶、楝培茶、松蘿茶、包種茶、押多茶等）始傳入英國。威廉‧烏克斯《茶葉全書》也記載：「1715年，英人始飲綠茶。」③說明1706年以前英國只有紅茶，綠茶尚未傳入。因此可以認定清代在17世紀外銷出口歐洲的基本上都是武夷紅茶。

　　雖然1610年荷蘭人已經把武夷紅茶最先運到歐洲，並在1640年又把紅茶傳到英國，但在17世紀中葉以前紅茶尚未進入大量貿易階段。當時歐洲商船回國只是捎帶一些茶

①陶德臣：《中國茶葉商品經濟研究》，軍事誼文出版社，1999年，120頁。
②蕭致治、徐方平：《中英早期茶葉貿易》，《歷史研院》，1994年第3期，139頁。
③《茶葉全書》第203頁，附錄《茶葉年表》。

葉，由於紅茶價格異常昂貴，有「擲三銀塊飲茶一盅」的說法，所以武夷紅茶的消費群體主要還是在皇室、貴族等上層人物之間。紅茶初傳入英國時，還有一些醫學者及慈善家反對飲茶，也影響了普及。加之清政府在這一時期實施了近30年的海禁，這些因素無疑對紅茶的貿易和傳播產生重大影響。加上茶葉外銷、傳播也有一個過程，所以進出口的茶葉數量甚少，這從1664年英國東印度公司從荷蘭人手中購得兩磅武夷紅茶進獻給凱瑟琳皇后，然後每磅獲得獎金50先令，1666年又用50英鎊17先令購買22磅12盎司中國紅茶進獻皇后①，從中可看出它稀少和貴重的程度。

　　武夷紅茶作為一種商品大批量輸入歐洲則是1666年從福建開始。1667年1月25日荷印總督在寫給董事會的信中提到「去年我們（荷人）在福建被迫接受大量茶葉，數量太多，我們無法在公司內處理，因此決定將一大部分運到祖國（荷蘭）」。②這裏從福建一年輸出的「大量茶葉」沒有具體數字。我們從荷蘭東印度公司董事會在1685年4月6日寫信給公司總督：「鑑於私人透過各種途徑攜帶的茶葉數量如此之多，我們決定，從此以後公司應把茶葉作為一種商品加以重視。……我們要訂購2萬磅新鮮的上等茶葉」③中推測在17世紀末，荷蘭進口的茶葉每年約

①②③莊國土：《18世紀中國與西歐的茶葉貿易》，《中國社會經濟史研究》，1992年第3期，67頁、68頁。

清朝時期中國茶葉出口

在 2 萬磅（150 擔）左右，鑒於荷蘭人這一時期主要是與福建貿易，這些茶葉主要是武夷紅茶。

　　至於英國進口武夷紅茶的數量，蕭致治先生的研究顯示：1615～1664年間的50年裏，英國從未見過具體進口數量，但從1664～1684年的20年間共進口茶葉5697磅，平均每年僅進口271磅，17世紀最後一個五年的平均進口是11428.2磅（85.7擔）①。進口的這些茶都是武夷紅茶。

---

①蕭致治、徐方平：《中英早期茶葉貿易》，《歷史研院》，1994年第3期，139頁，表1。

　　綜合荷英兩國在17世紀末年進口武夷紅茶的數量約3萬磅（225擔）。荷英兩國是歐洲與華茶的主要貿易國。這一數字基本體現武夷紅茶在17世紀末年輸出的數量。

2.17世紀武夷紅茶的外銷路線

　　17世紀武夷紅茶的外銷路線主要都是由閩商透過海上與歐洲商船進行貿易，然後由歐洲商船把紅茶運往歐洲。雖然明清兩代對海外交通都採取了「禁海」的做法，如明洪武四年（1371年）宣布「瀕海民不得私出海」，不得「私通海外諸國」的禁令，洪武十四年和二十三年，又分

崇市縣三大古茶市之一——星村鎮

別下令嚴禁交通外邦，到了洪武二十七年，進而下令禁止民間使用「番香蕃貨」。清順治十三年至康熙二十三年（1656～1684年）間實行了28年的海禁，清乾隆朝從1757年起又實行了第二次海禁。這些海禁的禁令雖然嚴厲，但向來是有名無實。如明初實行「禁海」，是嚴禁私人出海貿易，強調全由官方包辦。同時明王朝爲了發展官方貿易，不斷派遣使臣分赴海外，永樂年間（1403～1424年）遣使出國更爲突出，如永樂三年始，派鄭和先後七次遠航西洋，前後達27年（1405～1432年）；永樂十五年鄭和第四次下西洋奉使到忽魯漠斯，他的船隊曾途經泉州，鄭和本人並到泉州東郊靈山去朝謁了聖墓。

由於海外貿易利益豐厚，旣然允許官方進行海外貿易，則難免官商勾結，繼而海上走私猖獗，《泉州港與古代海外交通》書載：「明代海外貿易方式新變化最突出的表現是私商活躍海上。當時雖然海禁甚嚴，但物質交流，有利可圖，私商的海外貿易卻越來越發展，明中葉以後，基本上壓倒了官方貿易，成爲海上貿易的主流。」這些私商海上貿易的特點是官商勾結，他們無視禁海的政令，私造違禁的「雙桅海船」，從事海上「走私」貿易。海上經常出現成隊的中國走私帆船。「在1587年（萬曆十五年）

前後，中國帆船駛往馬尼拉進行貿易的，已年達三十多
艘」①。這些海外貿易往往使用中國銅錢結算，如《瀛涯
勝覽》記載：爪哇「買賣交易行使中國歷代銅錢。」《蘇
曼殊全集》中的《南洋話》記載：「（爪哇）萬曆時華人
往來通商者始眾，出入俱用元通錢。」

　　明末泉州的私商中最著名的有李旦、黃程、張璉、鄭
芝龍等。如鄭芝龍曾經是一個操縱泉州海外「走私」貿易

①田汝康：《十七世紀至十九世紀中葉中國帆船在東南亞洲》，第6頁。

的大海商，他「獨有南海之利。商舶出入諸國者，得芝龍
符令，乃行」。在鄭成功抗清期間，鄭芝龍的商船，仍可
領取蓋上「石井鄭氏」印記的牌照，前往海外貿易。

　　明清兩代雖都實行過「海禁」，但閩商與南洋的海上
貿易都從未中斷過。這些閩南「私商」把茶葉源源不斷地
從廈門港運往南洋貿易。那麼最初的茶葉海外貿易爲什麼
不是從「海上絲綢之路」的起點、著名的東方大港泉州港
始發呢？原因是明代以後，泉州港的海外交通已逐步走向
衰落。造成明清時期泉州港地位下降的最主要原因有四：
一是明清兩代封建王朝對海外交通都採取了「禁」的做
法，這就大大限制了泉州港海外交通貿易的發展；二是元
末明初泉州地區遭受了破壞性的戰亂。元末在泉州的色目
人的武裝叛亂與混戰（1357～1366年）使泉州的社會經濟
遭受了嚴重的破壞；三是倭寇對中國沿海地區騷擾。泉州
從洪武三年（1370年）起到嘉靖四十五年（1566年）屢遭
倭寇騷擾，泉州港的海外交通範圍和規模越來越縮小了；
四是西方殖民主義者的東侵，取代了泉州港歷來由阿拉伯
商人來華貿易的格局。新殖民主義開闢的印度洋新航線，
改變了泉州港貿易的對象和方式。泉州港的地位日益下
降，造成明代泉州港官方貿易的衰落，而民間貿易卻日益

興盛，這又使漳州月港〔嘉靖四十四年（1565年），改制升為「海澄縣」〕興起。但月港港道很淺，而廈門港（原稱中左所）港闊水深，在明萬曆年間興起。萬曆二十七年（1599年）明王朝派宦官高寀到中左所徵稅務。逐漸泉州港作為對外通商港口的地位就被廈門港所取代。

1610年荷蘭人首次把閩南人從廈門運到巴城的武夷紅茶運往歐洲。在18世紀20年代以前，荷蘭人主要以巴達維亞為據點，和中國到達的帆船進行易貨貿易，茶葉是其中主要貨品①。歐洲的茶葉多由荷蘭人供應。雖然1644年英國人已在廈門設立貿易辦事處②專門運銷武夷茶，但他們主要還是從荷蘭人手中轉購的。

清政府在1656～1684年間實行了近30年的海禁，對武夷茶的海上運輸造成嚴重影響，但武夷茶的海上貿易並未禁絕，荷蘭人仍從海上購得大量福建茶葉。這些福建茶葉都是從廈門運出的，廈門人把茶葉叫「te」，於是荷蘭人就把「te」字傳到歐洲，因為整個歐洲除俄國和葡萄牙之外的各國，都是從荷蘭人手中買到第一批茶葉的，所以他們也都使用這個名字。如英文稱茶為tea，法國叫茶為the，德國、義大利、西班牙各稱為tee、te，這些都出自於中國閩南地區對茶的讀音，這也說明歐洲的茶葉最初即從閩南

①陶德臣：《中國茶葉商品經濟研究》，軍事誼文出版社，1999年，127頁。
②莊晚芳：《中國茶文化的傳播》，64頁。

海路傳出。

●　地名
　　運輸路線
　　主要河流

1000　　0　　1000　　2000 公里

17 世紀武夷紅茶的外銷路線圖

　　1684年清政府解除第一次海禁，允許對外貿易，並設
立閩、江、浙、粵海關。1689年英國首次從廈門港直接進

口武夷紅茶。當時廈門港輸出的茶葉主要來自閩北武夷。武夷紅茶香高味醇，品質好，深受英國人的喜歡，由此確定了武夷紅茶在英國人心目中的良好印象，以致後來出現英國商人非武夷茶不買的現象，「懋遷各物內以閩茶為主要之物」①。

在17世紀初至1684年止，武夷紅茶外銷路線都是閩商從武夷山內河運至福州，再轉運至廈門，然後從廈門把茶運至印尼與荷商貿易，由荷商再運往歐洲。1684年以後，廈門港首開與外商直接貿易之新紀元，武夷紅茶開始從廈門港直接出口。

①甘滿堂：《清代中國茶葉外銷口岸及運輸路線的變遷》，21頁。

二、18 世紀武夷紅茶大發展階段的對外貿易 和外銷路線

1.18世紀武夷紅茶的對外貿易

　　18世紀是武夷紅茶大發展時期，由於紅茶消費的最大國家英國的一般人飲用紅茶越來越多，同時茶葉貿易在英、荷、丹麥、法國、瑞典間的激烈競爭導致茶價一降再降，反而促進茶葉的需要量增加，茶葉貿易大幅上升。18世紀初武夷紅茶的輸出已達百萬斤，武夷正山小種的產量已經遠不能滿足需要，除了在武夷山市其他地區擴大外，周邊縣市也開始生產紅茶，此時的茶葉產區已經沿閩江上游的建溪向富屯溪、沙溪毗鄰諸縣擴展①。這時武夷紅茶的概念已超出武夷山，應冠以福建武夷紅茶，但武夷山仍是最重要的紅茶產區。因為中國其他省的紅茶均是19世紀以後才出現，所以18世紀是武夷紅茶獨步天下的時期。

　　本世紀從1706年起，除了繼續出口紅茶外，開始出口綠茶。紅茶的品種是武夷茶、工夫茶、小種紅茶、白毫茶。日本角山榮先生在他的研究文章中專門就這一時期西傳的武夷紅茶4個品種進行了解釋：白毫是用帶有嫩胎毛的

---

①高章煥、莊任：《繼往開來自強不息——校勘有關福建茶史資料札記》，《福建茶葉》，1991年第1期，5頁。

新芽製作而成，在紅茶中品質最好、價錢最高；小種紅茶是僅次於白毫的上等紅茶，工夫紅茶是武夷紅茶中的一個品種茶，這3種紅茶出口數量較少，最大量的是武夷紅茶①。

關於18世紀前50年武夷紅茶出口的數量，根據日本角山榮先生的統計：1721～1750年的30年間英國東印度公司共進口武夷紅茶18828551磅，平均每年進口627618磅（4708擔）。工夫、小種、白毫共2804891磅，平均每年進口93496磅（701擔）。以上紅茶合計年進口5409擔②。

①②〔日〕角山榮：《紅茶西傳英國始末》，《中國茶文化》專號，1993年第4期，264頁。

英國運茶船

18世紀後50年武夷紅茶的出口量據蕭致治先生的研究：1792年英國東印度公司自華輸出紅茶156000擔（20794800磅），佔當年華紅茶出口的85%，是前50年平均數的28.8倍①，由此推算1792年武夷紅茶出口約18.35萬擔。是上世紀末年平均出口量的815倍。

根據莊國土先生的研究：從1700～1795年，荷蘭人運到歐洲的中國茶葉大約在178萬擔左右。整個18世紀，英船從中國輸出的茶葉估計在400萬擔左右，法國、丹麥、瑞典在18世紀運出中國茶葉143萬擔②。以上合計在18世紀共輸出華茶721萬擔，以紅茶佔80％，共輸出紅茶576.8萬擔，平均每年輸出紅茶5.768萬擔。另據陶德臣先生的估算，俄國在18世紀共進口茶葉733881擔，平均每年7339擔。佔歐洲進口的12.6％③，以紅茶和磚茶各佔一半，平均每年紅茶進口約3700擔，加上俄羅斯的數字，17世紀平均每年輸出武夷紅茶約6萬擔。

2.18世紀武夷紅茶的外銷路線

本世紀在1757年前，中國對外貿易設立有閩、江、浙、粵海關。武夷紅茶主要由廈門海關直接外銷。乾隆二十二年（1757年）清政府實行第二次海禁，規定只准廣州

①蕭致治、徐方平：《中英早期茶葉貿易》，《歷史研院》，1994年第3期，143頁。
②莊國土：《18世紀中國與西歐的茶葉貿易》，《中國社會經濟史研院》，1992年第3期，71~24頁。
③陶德臣：《中國茶葉商品經濟研究》，軍事誼文出版社，1999年，第111頁。

一港對外國通商，關閉廈門等通商口岸。從1762年起，陸路僅開恰克圖一地對俄貿易。

　　由於貿易地點的改變，武夷紅茶的外銷途徑也隨之改變，這一時期，福建輸往廣州的茶葉，主要還是馳名世界的武夷紅茶。武夷紅茶（包括在周邊生產的紅茶）在崇安星村集中後，攀越武夷山抵江西鉛山河口鎮，由河口換船順信江到鄱陽湖，經鄱陽湖運至江西省會南昌，再溯江到贛州，由贛州再到大庾，由大庾起旱到廣東南雄始興縣，再用船運到韶州府曲江縣，從曲江縣沿北江順流南下廣州。這條運輸線路，路途長達2800多華里。安徽、浙江、江蘇的綠茶也是水陸兼程集中到河口鎮循上述路線運往廣州。清政府一口出海政策，造成江西河口至廣州的運輸路線異常繁忙。同時也造就了河口鎮作為最大的茶葉集散地百年的繁榮。養活了幾萬靠運茶為生的苦力和船工。

　　雖然清政府多次重申嚴禁茶葉泛海運粵，但「閩商販運武夷茶仍每每違背禁令」。可見在第二次海禁期間武夷茶的海上運輸並未中斷。海上運輸仍是武夷茶外運的另一個管道。

　　武夷紅茶與俄羅斯的貿易也是一個重要的對外貿易途

徑。而這條紅茶的貿易途徑則更為遙遠。最初的俄羅斯對華商隊貿易始於 1689 年中俄《尼布楚條約》劃定兩國邊界以後，這種商隊貿易一直延續到 1762 年清政府取消俄國商隊來華貿易的權利，中俄貿易僅開恰克圖一地後。經營這條運茶路線的中國商人是山西人，又稱「晉幫」。擁資二三十萬元至百萬元的晉商，每春來武夷山，「將款及所購茶單、點交行車，恣所為不問，茶事畢，始結算別去」。這條商路的茶葉多產於福建、安徽、湖北等地，以福建茶的運輸路線最長達 5000 多公里。福建茶主要是武夷紅茶。其運輸路線是由福建崇安越武夷山入江西鉛山，過河口，沿信江下鄱陽湖。過九江口入長江而上，至武昌，轉漢水至樊城（今襄陽）起岸，越秦嶺至降州（今晉城），經潞安（長治）、平遙、祁縣、太谷、忻縣、大同、天鎮至張家口，至歸化（今呼和浩特）再經戈壁沙漠到庫倫（今烏蘭巴托），最後到達恰克圖。在山西至恰克圖的陸路運茶線上，有車幫、馬幫、駝幫組成的運茶駝隊，經常是累百達千，首尾難望，駝鈴之聲數里可聞。

茶葉到達蒙古邊境集鎮恰克圖後與俄國商人交接。由恰克圖溯河北上，夏季坐船，冬季坐雪橇，到貝加爾湖之後，出湖沿安加拉河西行，轉葉尼塞河，到托姆斯克。然

後走一段陸路，從托姆斯克向西到達鄂畢河，又走水路依次沿鄂畢河，轉額濟斯河，再轉波爾河，到達烏拉爾山脈的伊爾畢特，從伊爾畢特越過烏拉爾山之後經過彼爾姆、去喀山，接下去走莫斯科，再通彼得堡①。

這條武夷山通往莫斯科的茶葉運輸路線長達12000公里，特別途徑西伯利亞地區，氣候惡劣，所以商隊一次的行程往往耗時近一年。

①李明濱：《駱駝商隊運茶忙，茶樹引種在俄邦》，《中國茶文化》專號，2001年第2期，317頁。

正山小種紅茶

三、19 世紀武夷紅茶發展鼎盛時期的對外貿易和外銷路線

1.19世紀武夷紅茶的對外貿易

19世紀華茶的出口繼續大幅上升，本世紀經1840年鴉片戰爭，清政府被迫開放廈門、福州、寧波、上海、廣州五口通商，華茶的出口急速增加，終於在本世紀的後期華茶的出口達到鼎盛時期。

華茶出口的鼎盛時期也是武夷紅茶進入最輝煌的時期。朱自振先生在《我國茶館的由來和紅茶之始》一文中提到：在清代中後期中國茶葉出口的鼎盛階段，紅茶成為中國輸英和向西方各國輸出的主要茶類；在紅茶中「武夷茶」成為「武夷紅茶」的專名和中國出口茶葉中最受歐美歡迎的搶手商品。有一個時期，只要印度東印度公司運輸茶葉的船隻一到倫敦，不日，倫敦街頭就能聽到一聲聲「武夷茶，先生，新到的武夷茶」的叫喊聲。

雖然19世紀各類茶均有較大的發展，但尤以紅茶為突出，洋商掠奪的首要目標也是紅茶，在豐厚利益的驅使下，各茶區把紅茶作為製銷的首要目標。從「道光末勃

興，咸同時趨於鼎盛」，關於紅茶興盛的記載，此時地方志中比比皆是①。江西茶工赴兩湖，福建、廣東茶工趨江西敎製紅茶，於是紅茶在福建、湖南、湖北、江西、皖南遍地開花，得到迅速發展。

據陶德臣先生的統計，在鴉片戰爭前夕的 1838 年自廣州出口的武夷茶達 1.5 萬噸（30 萬擔）②，以當時的紅茶平均出口比例佔 80 ％計算，紅茶佔 24 萬擔。

①②陶德臣：《中國茶葉商品經濟研究》，軍事誼文出版社，1999年，177頁、178頁。

武夷山四曲的宋代摩崖石刻（其中的「逝者如斯」爲朱熹手蹟

　　在1840年鴉片戰爭後，清政府被迫開放「五口」通商，茶葉的出口迅速增加，紅茶從1864～1880年佔出口茶葉總額的平均比率高達79.68％，19世紀40年代紅茶平均出口量為465361萬擔，50年代紅茶平均出口量745640擔，60年代紅茶平均出口量已躍至百萬擔以上，從此保持年百萬擔出口量長達32年之久，最高年份的1886年達165萬擔。武夷紅茶自1853年起改從福州出口，鼎盛的1880年福州港出口茶葉74萬擔①，其中武夷紅茶和這時已出現的工夫紅茶共出口635072擔。

①陶德臣：《中國茶葉商品經濟研究》，軍事誼文出版社，1999年，381頁。

2.19世紀武夷紅茶的外銷路線

　　19 世紀對武夷紅茶外銷路線影響最大的是 1840 年的鴉片戰爭。鴉片戰爭前武夷紅茶仍是跋山涉水運往廣州和恰克圖外銷。但鴉片戰爭後的 1843 年，清政府開放廈門、福州、寧波、上海及原先已開放的廣州五港對外貿易通商。五口通商後，廣州失去了茶葉唯一外運港口的地位。茶葉出口的重心北移。上海港由於有優越的地理位置，附近的產茶區紛紛轉口上海港出口，使上海迅速取代廣州成爲茶葉外銷的第一大口岸。武夷茶一改只運廣州的去向，開始走較爲捷近的上海港，運輸途徑由江西鄱陽湖過九江入長江轉上海，或由河口至玉山進常山，再順錢塘江上游支流運往杭州，再由嘉興內河運上海。

　　雖然五口通商中福建開放了廈門和福州港，但廈門港由於鄰近安溪烏龍茶產區，在19世紀中後期是以銷售烏龍茶爲主，武夷山茶葉中另一主要品種武夷岩茶也主要銷售廈門及附近地區。廈門港銷售量在10萬擔左右。最高的1877年爲17萬擔。烏龍茶的比例高達90%以上。如1881年出口16.4萬擔，烏龍茶佔96.7%。在出口規模上廈門比福州要小得多，如1879年，廈門出口16萬擔，福州則有74.6萬

擔，只爲福州的22.3％①。

　　福州港自1843年開埠，但10年內沒有輸出茶葉。在1853年以前武夷紅茶仍只走廣州線，以後轉走上海線。按照常理武夷紅茶走福州是最通暢便，爲何捨近求遠，其中有一定的原因。

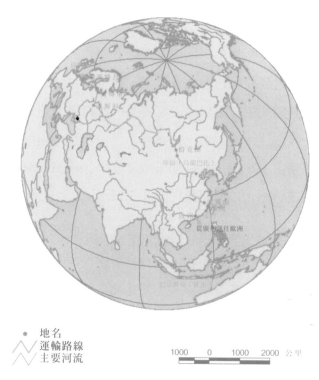

　　● 地名
　　〰 運輸路線
　　〰 主要河流

1000　　0　　1000　　2000 公里

17 世紀武夷紅茶的外銷路線圖

①彭景元：《試論近代廈門茶葉貿易五十年》，《中國茶文化》專號，1995年第4期，233頁。

　　一是鴉片戰爭中國失敗後，國人中有一股強烈的反英情緒，認為英國人到中國來主要是為了攫取武夷紅茶，應以中止茶葉貿易來對抗。林則徐曾說過：「茶葉大黃，外國所不可一日無也，中國若靳其利，而不恤其害，則洋人何以為生？」這種以茶為武器的觀點一直是清廷朝野的共識。如1842年7月，江蘇巡撫梁章鉅聽說英國欲闢福州為商埠極力反對，指出：「該夷所需者，中國所（產）茶葉，而崇安所產，尤該夷所醉心，既得福州，則可以漸達崇安。此間早傳該夷有欲買武夷山之說，誠非無因，若果福州已設碼頭，則延津一帶，必至往來無忌。」並還提醒說，1835年夷曾有兩艘大船停泊台江，駕駛小舟，由洪山橋直上水口窺探閩江，企圖尋找去茶區的通路，可見「彼時已有到崇安相度茶山之意，其垂涎於武夷可知」①。

　　二是依賴負運茶葉及商貨過南嶺的數十萬力夫「都害怕在新的通商條約實施和通商口岸開放後，他們將陷於失業，因此他們發誓堅決反對有損於他們利益的種種措施」。

　　鑒於福州沿江往武夷山的通道總共只有300多公里，比去廣州和上海都短得多，這其中可以「免去陸路運費以及

①方留章、趙勇：《武夷岩茶茶散論》。

在原價以外所附加的內地通過稅」，英國人還是下決心要打通這條通路，因此他們派遣了一些間諜由福州深入武夷山探路。據有關資料披露，英國東印度公司派遣植物學家羅伯特‧福瓊（Robert Fortune 1813～1880年）於1843年到武夷山，他不僅在武夷山採集植物標本，還爲九曲綺麗風光而繪有一幅九曲風光圖①。他在收集情報的報告中寫道：「在這些海拔三四千英尺的山中發現了我急欲找到的紅茶產地。」他還爲打通武夷山紅茶到福州的運輸通道出主意。他於1848年12月再次受英國東印度公司總督的指令潛入武夷山，這一次來他把武夷紅茶的種茶和製茶技術全部打探清楚。他的間諜身分在法國《歷史》月刊2002年3月號文章中才暴露②。

外國人在做出周密部署後，在1853年春藉口上海小刀會起義，武夷紅茶到上海的路被阻之機，美國旗昌洋行首先派買辦攜款深入武夷茶區，收購茶葉經閩江下福州，他們的嘗試獲得成功。此後其他商行也照樣仿行。武夷茶用小船順江而下，8～10天即可達福州，一時間「福州之南台地方……洋行茶行，密如櫛比……」，沒幾年時間，福州的茶葉出口迅速增加。1856年以後，就將廣州拋在後面，居中國第二，甚至在1859年還超越上海，居全國茶葉

①②鄒新球：《武夷紅茶的洩密和衰落》，《閩北日報》2004年2月28日。

出口量第一大港之地位，是年茶葉出口近達 4700 萬磅
（352588擔）。遂使福州港成爲弛名世界之茶葉貿易港。

　　自1853年福州直接出口茶葉後，武夷茶終於找到一個
合理便捷的出口地，全部透過福州出口①，不用再繞道其
他港口出口了。

英國著名畫家德里克·加德納作品《陽光與風暴：運茶帆船「風之精靈」
號》Ariel（「風之精靈」號）於1866年5月28日滿載1230900磅茶葉離開
福州前往倫敦。該帆船曾與當時許多著名的帆船競賽，滿載新茶率先抵達英
格蘭。

①陶德臣：《中國茶葉商品經濟研究》，軍事誼文出版社，1999年，401

四、20 世紀武夷紅茶從鼎盛走向衰落時期的 對外貿易和外銷路線

　　19世紀末，華茶在世界市場上受到印錫茶的激烈衝擊，首先表現在對英國的紅茶銷售上節節敗退。英國進口的印度茶1871年為115165.8擔，1875年增至192086.3擔，1886年為576556.6擔，1890年達755326.3擔，1891年印度茶出口還只相當華茶的46.3%，然而1900年印度茶輸出首次超越華茶，相當於華茶輸出總量的1.04倍，代表著近400年來華茶壟斷地位的結束。

　　20 世紀的武夷紅茶的對外銷售與中國的外銷狀況一樣，每況愈下，以福州港口的出口量為例：1880 年茶葉出口為歷史最高達 74 萬擔，其中紅茶 63.5 萬擔，1900 年為31.5 萬擔，1910 年為 13.4 萬擔，1920 年為 8.3 萬擔，至1939 年時僅為 3.2 萬擔①，而其中產於桐木的正山小種紅茶在 1880 年有 3000 擔，而 1939 年則降為 800 擔，抗戰爆發後的 1941 年更降為區區的 10 擔，到臨解放的 1948 年也只有 30 擔②。

　　民國茶葉步入最黑暗時期。在民國，武夷紅茶則進入了兩百多年來最衰敗的時期，從此以後武夷紅茶漸漸銷聲

①陶德臣：《中國茶葉商品經濟研究》，軍事誼文出版社，1999年，381頁。
②《武夷山志市》。

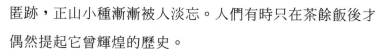
匿跡，正山小種漸漸被人淡忘。人們有時只在茶餘飯後才
偶然提起它曾輝煌的歷史。

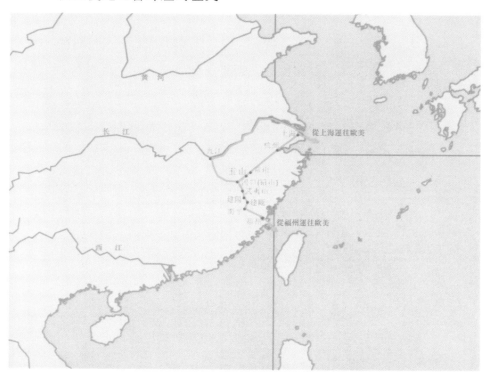

17世紀武夷紅茶的外銷路線圖

第七章

正山小種紅茶的品質特徵和製作工藝及茶葉的貯存

一、正山小種紅茶的品質特徵

正山小種紅茶生長在世界自然遺產地——武夷山國家級自然保護區內。這裏森林茂密、植被豐富、山高谷深，保持著完整的亞熱帶長綠闊葉林生態系統。茶園座落在高山峻嶺之巔，參天大樹之下，翠竹環抱之中，加上常年雲霧繚繞，遠離污染，山清水秀，空氣清新，土壤肥沃的得天獨厚的自然條件，十分有利於茶樹的生長和茶葉有效物質的累積。

自然保護區內完整的森林生態系統形成了一個協調的

正山小種紅茶的精製工廠

生物鏈，各種生物之間互相制約，保持著一種平衡狀態，不會出現蟲病成災的情況。因此茶樹基本不受蟲害侵擾，這也就杜絕了農藥的使用；茶樹的養分也主要來自土壤豐富的腐殖質，僅使用少量有機肥，這些都確保了原料的優越品質。

　　正山小種紅茶獨特的生態環境是其他任何小種紅茶所不具備，因此其品質也遠在其他小種紅茶之上。所以產於桐木村的小種紅茶才稱正山小種、桐木小種，其他地方所產的小種紅茶均稱爲假小種、煙小種。

正山小種紅茶的室內加溫萎凋

正山小種紅茶按照品質特徵和加工工藝的差別,可分為正山小種和煙正山小種紅茶。其中:正山小種紅茶指的是武夷山市桐木村及桐木村周邊海拔 600～1200 米原產地域範圍內,來自當地傳統的菜茶群體品種,經傳統工藝製作,獨具特有高山韻和桂園乾香味的紅茶品種。它依靠感官指標的不同分為特級、一級和二級。

煙正山小種紅茶是正山小種紅茶原料經過松茗燻焙後,形成正山小種紅茶特有一股濃醇的松茗香和桂圓乾香,兩三泡後具桂圓湯味,稱煙正山小種。而其他各縣市仿小種製法所產的毛茶及工夫紅茶,參照煙正山小種的燻

武夷山五夫鎮的朱熹故居紫陽樓

焙工藝，燻製而成具有松茗香，但兩三泡後無桂圓湯味，僅顯工夫紅茶味，均稱為煙小種、外山小種或人工小種。煙小種根據產品品質不同分為一級、二級、三級這3個等級。

因有獨特的生境和獨特傳統的製作工藝，所以正山小種紅茶和煙正山小種紅茶的品質是獨一無二的。從外看它們條行狀實、緊結、勻整潔淨，色澤烏黑油潤，乾聞具有特殊的松脂香和桂圓乾香。從內質看，具有特有的高山韻和桂圓乾味，這種香味是在獨特與優越的環境下所形成的，是任何一種紅茶所不具備的香味；而且它耐沖泡，四五泡後各種特徵仍然明顯，這也明顯優於別的紅茶；它的湯色橙紅，明亮、清澈、滋味醇厚，甘滑爽口，不苦不澀，回甘持久，無論清飲或加糖、加牛奶飲用都很適宜；尤其煙正山小種紅茶湯中加入純牛奶和糖後，香氣十分獨特，口感極其迷人，沖泡後的葉張柔軟，呈古銅色；它還具有其他紅茶所不具備的品質穩定、耐儲藏的特點，在常溫條件下，三五年甚至更長時間內，品質能保持不變，滋味反而更加醇厚，松香味反而更純爽。工夫紅茶若加牛奶則顯強度不足，湯色淺，所以一般工夫紅茶以清飲為主，但清飲時若過濃則顯苦澀，而且不耐貯存。而紅碎茶則表

現出只能加牛奶、加糖，才能體現出濃、強、鮮爽的口感力度，若清飲則又苦又澀，而且香氣淺薄，只能一次沖泡，不耐貯存。

二、正山小種紅茶的製作工藝

正山小種的製作工藝是比較複雜的，它分爲初製工序和精製工序。

1.初製工序

茶青－萎凋－揉捻－發酵－過紅鍋－複揉－燻焙－複火－毛茶。

(1)**萎凋**：小種紅茶的萎凋有日光萎凋與加溫萎凋兩種方法。桐木關一帶在揉茶季節時雨水較多，晴天較少，一

正山小種紅茶的日光萎凋

般都採用室內加溫萎凋。加溫萎凋都在初製茶廠的「青樓」進行。「青樓」共有三層，二、三層只架設橫檔，上舖竹席，竹席上舖茶青；最底層用於燻焙經複揉過的茶坯，它透過底層煙道與室外的柴灶相連。在灶外燒松柴明火時，其熱氣進入底層，在焙乾茶坯時，利用其餘熱使二、三樓的茶青加溫而萎凋。日光萎凋在晴天室外進行。其方法是在空地上舖上竹席，將鮮葉均勻撒在青席上，在陽光作用下萎凋。

(2)**揉捻**：茶青適度萎凋後即可進行揉捻。早期的揉捻用人工揉至茶條緊捲，茶水溢出。現均改用揉茶機進行。

正山小種紅茶的揉製

(3)**發酵**：小種紅茶採用熱發酵的方法，將揉捻適度的茶坯置於竹簍內壓緊，上蓋布或厚布。茶坯在自身酶的作用下發酵，經過一定時間後當茶坯呈紅褐色，並帶有清香味，即可取出過紅鍋。

(4)**過紅鍋**：這是小種紅茶的特有工序，過紅鍋的作用在於停滯酶的作用，停止發酵，以保持小種紅茶的香氣甜純，茶湯紅亮，滋味濃厚。其方法是當鐵鍋溫度達到要求時投入發酵葉，用雙手翻炒。這項炒製技術要求較嚴，過長則失水過多容易產生焦葉，過短則達不到提高香氣增濃滋味的目的。

(5)**複揉**：經炒鍋後的茶坯必須複揉，使回鬆的茶條緊縮。方法是下鍋後的茶坯即趁熱放入揉茶機內，待茶條緊結即可。

(6)**燻焙**：將複揉後的茶坯抖散攤在竹篩上，放進「青樓」的底層吊架上，在室外灶堂燒松柴明火，讓熱氣導入「青樓」底層，茶坯在乾燥的過程中不斷吸附松香，使小種紅茶帶有獨特的松脂香味。

正山小種紅茶的燻焙

(7)**複火**：烘乾的茶葉經篩分揀去粗大葉片、粗老茶梗後，再置於焙籠上，再用松柴烘焙，以增進小種紅茶特殊的香味。

經過以上工序的茶葉便是正山小種紅茶的初製毛茶。

2.精製工序

定級歸堆－毛茶大堆－走水焙－篩分－風選－揀剔－烘焙－乾燥燻焙－勻堆－裝箱－成品。

(1)**定級歸堆**：毛茶進廠時，便對毛茶按等級分堆存放，以便於結合產地、季節、外形內質，及往年的拼配標準進行拼配。

(2)**毛茶大堆**：把定級分堆的毛茶按拼配的比例歸堆，使茶品的品質能保持一致。

(3)**走水焙**：在歸堆的過程中，各路茶品含水率並不一致，部分茶葉還會返潮，或含水率偏高，需要進行烘焙，使含水率歸於一致便於加工。

正山小種的篩分工序

(4)**篩分**：透過篩製過程整理外形去掉梗片，保留符合同級外形的條索和淨度的茶葉。小種紅茶的篩製方法有：平圓、抖篩、切斷、撈篩、飄篩、風選。小種紅茶的加工篩路可分：本身、圓身、輕身、碎茶、片茶5路。

(5)**風選**：將篩分後的茶葉再經

正山小種的風選工作

過風扇，利用風力將片茶分離出去，留下等級內的茶。

(6)**揀剔**：把經風扇過風後仍吹不掉的茶梗、外形不合格的以及非茶類物質揀剔出來，使其外形整齊美觀，符合同級淨度要求，揀剔有機揀和手揀。一般先透過機械揀剔處理，盡量減輕手工的壓力，再手工揀剔才能保證形淨度色澤要求，做到茶葉不含非茶類夾雜物，保證品質安全衛生。

正山小種紅茶的揀剔工序

(7)**烘焙**：經過篩分、風選工序以後的紅茶會吸水，使茶葉含水率過高，需要再烘焙，使其含水率符合要求。

(8)**乾燥燻焙**：生產煙正山小種紅茶需要在上述工序完成後加上一道松香燻工序。成品的煙正山小種要求更加濃醇持久的松香味（桂圓乾香味），因此在最後乾燥烘焙過程中要增加松香燻工序，讓在乾燥的茶葉吸附。經燻焙的正山小種紅茶有一般濃醇的松香味（桂圓乾味），外形條索烏黑油潤。

(9)**匀堆**：經篩分、揀剔後各路茶葉經烘焙或加煙足乾形成的半成品，要按一定比例拼配小樣，測水量，對照審核標準並做調整，使其外形，內質符合本級標準，之後再按小樣比例進行匀堆。

(10)**裝箱**：經匀堆後鑑定各項條件符合要求後，即將成品裝箱完成正山小種紅茶精製的整個過程。

裝箱待運的外銷正山小種紅茶(LAPSANG BLACKTEA)

三、茶葉的貯存

　　茶葉具有較強烈的吸濕性、吸附性與陳化性，如果貯存不當，容易發生受潮變質、感染異味或加快陳化，這不僅會影響茶固有的天然風味，甚至還會失去飲用價值。要做好茶葉的貯存，首先要了解茶葉內含物質的變化，茶葉易變質的原因，正確地掌握茶葉與溫度、濕度的關係，科學地貯茶。

㈠茶葉易變質的原因

　　1.空氣的氧化作用：茶葉變質，主要是茶葉中的某些化學成分在空氣中發生氧化的結果。在氧化作用下，茶葉的色澤會改變，茶湯會渾濁不清，會使茶葉中相當部分的可溶性有效成分變成了不溶性的物質，降低了茶葉的飲用價值。

　　茶葉的氧化快慢與本身的含水量高低，外界溫度、光線和氧氣密切相關。茶葉的含水量越高，變化就越快。為了防止茶葉在貯存中變質，一般要將待存茶葉的含水量控制在6%以下，最好在4%左右；外界溫度越高，茶葉氧化的速度也越快，當茶葉在-10℃的條件下冷存，即可抑制氧

清末時期貯存紅茶的竹簍

化過程；光線也會使茶葉變色，還會使茶葉中的某物質發生光化反應，產生一種令人厭惡的異味，因此，回潮的茶葉也不能在日光下曝曬。

空氣中的氧氣，會使茶葉發生緩慢氧化。如果使茶葉在無氧條件下貯存，氧化過程即可控制。如茶葉小包裝採取真空充氮法保持，就是這個道理。

2.茶葉吸濕和吸味强：茶葉中含有很多親水性的成分，如醣類、多酚類、蛋白質、果酸物質等，還會有高分

子棕櫚酸和萜烯類物質。這些物質具有很強的吸附作用，能將水分和異味吸附在自己身上。茶葉本身疏鬆多孔，既易吸附異味，又易吸收空氣的水蒸氣。因此如果把茶葉放在潮濕的地方，或與含有異味的物品，如煙草、油脂、鹹魚、化粧品等混放在一起，很快就會受潮變味，甚至生霉變質，不宜飲用。

因此，當發現茶葉受潮回軟時，不能放在太陽下晾曬，而應當放在鍋中烘乾或焙籠烘乾。烘前應洗淨鐵鍋的油鹽氣味，炒時火溫掌握在40°C左右，最高不可達50°C，並不斷用手翻動茶葉，炒至手捏茶條成末即可。

㈡貯存方法

茶葉最忌的是潮濕、光照、高溫及暴露於空氣中，因此，根據茶的特性和變質原因，茶的貯存保存以乾燥（含水量在3％～4％），冷存（最好是0°C）、無氧（抽成真空或充氮）和避光保存為最好。因客觀條件限制，以上的條件往往不可能兼而有之。對於家庭茶葉的簡易保存方法，首先應該保持茶葉的乾燥。如果茶葉已受潮要及時進行文火烘焙，或以吸濕劑使之乾燥，然後把茶葉置於防潮性能良好的食用塑膠袋密閉的容器內，以及選擇避光、乾

燥、低溫的環境條件，如放入冰箱冷藏，把茶葉品質保持在相對穩定的狀態，保持茶葉的品質和香氣。

不同的茶葉最好分開存放，不要裝入同一容器中，以免茶香互相干擾。存放的時間，視茶葉種類而定，通常綠茶可存放半年至一年，因綠茶不經發酵，新鮮時顏色爲青綠色，但時間久了顏色會變深暗，而全發酵的紅茶，時間可以更久，而且是放得愈久愈香，如正山小種紅茶保存得當存放7～8年也可正常飲用，但最好還是盡早飲用，以免因爲保存不當而影響茶葉品質。

第八章

正山小種紅茶的品質化學特徵

一、正山小種紅茶具有其他紅茶無法比擬的 品質特徵

正山小種紅茶的原料源自國家級武夷山自然保護區天然森林體系內獨特生長環境中的武夷菜茶群體品種，並由獨特的加工工藝製成，形成了其他紅茶無法比擬的品質特徵：滋味不苦不澀、無刺激感但醇厚、甘滑，尤其是具有豐厚的似桂圓乾似的乾果甜香和明快而清爽的松煙香，即具有特殊的高山韻香，湯色紅濃、艷麗，耐泡又耐貯放，一般貯放 1 至 2 年後，松煙香進一步轉化成乾果香，香味更加醇滑、甘甜。而且正山小種紅茶有健胃養顏、不上火的保健功能，但有關正山小種紅茶品質化學的研究起步較晚，報導也較少，國外曾有過一篇①報導正山小種紅茶的研究，但沒有鑑定到如長葉烯等多種特異成分，中國有過一篇②關於煙正山小種紅茶如愈創木酚類、茶酚類和糠醛類等部分煙燻成分的報導，沒有提到其他的揮發性成分，長期以來關於正山小種品質化學的研究尤其是香氣化學的特徵組成及無機成分的狀況等等，基本處於空白，直到最近才有了有關正山小種紅茶品質化學的比較全面的研究報導，據姚珊珊、郭雯飛、呂毅、江元勳③等在美國《農業

---

① Kawakami, M.; Yamanishi, T.; Kobayashi, A. Aroma compostition of original Chinese black tea, Zheng Shan Xiao Zhong and other black teas. In Proceedings of '95 International TEA-Quality-Human Health Symposium, China, 1995, pp164~174

② 沈生榮、楊賢強，《小種紅茶煙燻風味的研究》，《福建茶葉》，1989年第1期，27~31頁。

③ 姚珊珊、郭雯飛、呂毅、江元勳：《松煙燻製的中國特種紅茶正山小種和煙正山小種的香氣》美國《農業與食品化學雜誌》第53卷21期，2005年10月19日。

與食品化學》（Journal of Ag ricul tural and Food chemistry）發表的對正山小種、煙正山小種及煙小種等香氣化學的研究結果如表 1 所示列出了各個樣品的主要香氣成分，這裏共鑑定出 49 種化合物，包括 17 種醇、12 種酚、7 種醛、5 種烯烴、2 種酮、2 種酯、2 種酸、1 種醚和 1 種環氧化合物。正山小種的主要成分爲長葉烯、香葉醇、α-萜品醇、(E)-2-己烯醛和苯乙醛等，佔香氣總量的 45.6 ％。煙正山小種中最豐富的成分爲長葉烯、α-萜品醇、4-甲基愈創木酚、香葉醇、juniperol 和苯乙醛，占 44.2 ％。而煙小種的主要成分爲α-萜品醇、長葉烯、4-甲基愈創木酚、4-4 乙基愈創木酚和β-石竹烯，佔 44.4％。長葉烯和α-萜品醇爲這類茶葉的香精油中最有貢獻的成分。圖 1 是煙正山小種紅茶香氣的色譜圖，其中最大的成分長葉烯以往還沒有報導過在茶葉中被發現。據我們所知，長葉烯、juniperol、蒡醇爲在茶葉中首次發現的成分。

　　長葉烯存在於多種松樹的樹脂中。從國外引進的樹木其長葉烯的含量都很低。在芬蘭、義大利、俄羅斯、秘魯、希臘以及土耳其等國家的樹木長葉烯含量也很低。而在中國東南部的一些樹木，如黃山松、馬尾松等樹脂中的長葉烯含量相當高（9.5％～12.4％）。黃山松是武夷山及

附近地區的松樹品種，在松科植物中長葉烯含量最高，我們分析的黃山松樣品中長葉烯和α-萜品醇的含量高達30%（見表2）。在我們分析的正山小種茶葉樣品中長葉烯和α-萜品醇也是最高的成分，因此可以認定長葉烯是這類茶葉獨特的成分。α-萜品醇在一般茶葉中也有，但是在小葉種紅茶中顯然主要是來自松木。

長葉烯也是松樹化工的產品之一。在華南的一種重質

正山小種紅茶的茶湯

松節油中長葉烯的含量可高達58%，其次是β-石竹烯（11
%）。長葉烯在化學上主要用於合成如β-石竹烯、異長葉
烯及其衍生物。由於在黃山松中長葉烯的含量高，在正山
小種中長葉烯是主要的香氣成分是合理的。正山小種的感
官品質為紅茶的甜香帶上如桂圓乾的松煙香，而且茶湯倒
出後杯底仍有豐韻而明顯的餘香，多次沖泡仍然有良好的
香味，這個品質特點被稱為「山韻」，這與茶葉原料的特
殊性及特殊的加工工藝中來自黃山松等松煙的揮發性成分
的重要貢獻相關。

正山小種紅茶的茶湯

二、正山小種紅茶與相關紅茶香氣的比較顯示正山小種有較高的香氣成分

　　圖1中香氣成分根據其來源可以分為三組：(1)來自茶葉的香氣，如芳樟醇及其氧化物、香葉醇、苯甲醇、2-苯乙醇、橙花叔醇等；(2)直接從松木來的萜烯類，如長葉烯、α-萜品醇長葉環烯等等，儘管有一部分也屬於茶葉的成分；(3)松木透過燃燒或加熱產生的熱解成分，如苯酚類和愈創木酚類等。表1列出了各個香氣組分的含量，這些反映了加工的作用。組分2和3佔了香氣中相當大的比例。

　　紅茶香氣的品質可以揮發性香氣化合物指數來表示，這是一些萜烯類、芳香族以及紫羅酮化合物的含量與 5 個碳和 6 個碳的醛和醇的含量的比值。印度、斯里蘭卡紅茶的指數為 1.28 到 3.06，祁門紅茶的指數為 2.51，而根據表 1 的數據計算正山小種、煙正山小種和煙小種的指數分別為 3.80、3.67、4.41。

1.正山小種和工夫紅茶香氣的比較

　　正山小種與有名的祁門紅茶比較有明顯的差異。祁門紅茶的主要成分為香葉醇、苯甲醇、2-苯乙醇、芳樟醇、

芳樟醇氧化物、β-紫羅酮、苯乙醛、(E)-2-己烯醛、反-香葉酸、水楊酸甲酯、(Z)-3-己烯醇和α-萜品醇等（21～33）。表1中列出的正山小種的松樹萜烯類化合物和熱解產物（第2和3組）大多數在祁門紅茶中都沒有檢測到。

祁門紅茶（小葉種）的一個特徵是和大葉種的紅茶（如印度、斯里蘭卡的茶）相比，香葉醇含量與芳樟醇及其氧化物含量的比值比較高。從這一點上看正山小種具有小葉種紅茶中較豐富的成分，顯示正山小種（武夷變種）並不像祁門紅茶那樣是典型的小葉種。

正山小種的葉子吸收松木燃燒的香氣，而祁門紅茶不接觸煙。正山小種的許多成分（第3組）是木材煙的特徵成分，也是煙燻食品特有的成分(28)。松木中含有大量的木質素、纖維素和半纖維素，這些都是煙成分的來源。糠醛及其衍生物是纖維素的熱解產物，而酚類山木質素的熱解產生。這些熱解產物在茶葉中也少量存在。

2.煙正山小種和正山小種香氣的比較

兩者的揮發油接近，但是兩者成分的含量差異相當明顯。源自茶葉的香氣（第1組）佔總香氣的比率，正山小種為49.2％，煙正山小種20.5％。但是來自松木的成分（第2和第3組）在正山小種中分別為33.8％和17.0％，而煙正山小種為50.2％和29.3％（見表1）。這個反映了煙燻工藝的作用。

結果顯示，源自茶葉的香氣成分在煙燻的加熱作用下減少了，第1組幾乎所有的成分都減少了。而來自松木的成分增加了，第2組的絕大多數成分以及第3組的所有成分都增加了。

3.煙小種和煙正山小種香氣的比較

　　煙小種的揮發油的組成在定性上與煙正山小種是相同的，而且前者的揮發油的總量比後者都只略低（見表1）。但是，它們之間有明顯的差別，茶葉來源的成分（第1組）在煙小種中為16.8%，低於煙正山小種的20.5%。這反映了茶葉原料的差異。松木萜烯（第2組）的含量也有相同的趨勢（分別為43.3%和50.2%）。但是熱解產物（第3組）在煙小種中為39.9%，高於煙正山小種的29.3%。

　　結果顯示在煙燻加工中正山小種比煙小種吸收更多的松木萜烯成分。長葉烯和α-萜品醇在煙正山小種中的含量分別為55.43微克/克和49.43微克/克，而在煙小種中分別為31.26微克/克和44.08微克/克。從松木萜烯類和熱解產物的吸收能力看取決於這兩類的茶葉的性質。第2組的其他成分幾乎都呈現相同趨勢，而第3組的成分基本上都呈現相反的趨勢（見表1）。看來茶葉來源的香氣成分和松木萜烯類成分與這兩個煙燻的紅茶的品質呈正相關。結果顯示生長在武夷山地區的茶樹比武夷山外的茶樹含有較高的香氣成分，而且具有較強的吸收萜烯類香氣成分的能力。

4.茶葉對揮發性成分的吸收作用

對煙燻的松明用連續餾萃取法提取的揮發性成分的分析結果見表2。共含有19個成分，主要為單萜和倍半萜烯和醇（佔97％）。作為松樹揮發性成分的一般特點，含量最豐富的成分為α-蒎烯，高達42％。中國松樹的α-蒎烯含量普遍較高。但是在任何茶樣中都沒有檢測到α-蒎烯。

松明的揮發油中沒有檢測到酚類。因此茶樣中來自松煙的酚類成分可以認定是松木燃燒的裂解產物。

松明中的一些揮發性成分沒有在茶樣中檢測到，如：α-蒎烯、莰烯、檸檬烯、β-蒎烯、terpinolene。這可能是由於這些成分在高溫下不穩定或沸點太低，在煙燻的條件下容易揮發。看來松明成分中沸點較高的或極性較大的容易被茶葉吸收。煙燻茶葉和松明的香氣成分之間的差異可以說明煙正山小種的香氣特徵，這種特徵是具有濃醇的松煙香和乾桂圓香，香氣持久，而不是紅茶香味和松煙的簡單組合。

在中國傳統的用燃燒木材煙燻的肉類中最豐富的香氣成分是酚類，加上一些酸、酯、醛和酮(31)。另一方面，

固體和水溶液的煙燻香味劑也主要含酚類以及呋喃、吡喃、脂肪醛和酮、酸和酯等(32～34)。在任何情況下萜烯類都是很低的。與這些煙燻品相比，正山小種紅茶是非常獨特的，含有高濃度的松樹萜烯成分，其中以長葉烯為最高。對茶樹品種、生態環境、加工工藝以及煙燻用松明的嚴格要求，是產生這種產品獨特品質的重要因素。

據周衛龍等對正山小種紅茶理化成分的分析結果(%)①：

水浸出物	氨基酸	茶多酚	咖啡鹼	兒茶素				
				EGC	C	EC	EGCG	ECG
30～35	0.7～1.3	9～14	3.7～4.1	<0.1	0.3～0.6	<0.1	0.7～1.0	0.1～0.3

從以上結果可看出正山小種紅茶發酵較充足，茶多酚及兒茶素的轉化也比較大，所以具有不苦不澀而醇厚甘滑的特點。

據趙承易等對正山小種紅茶主要無機成分的分析結果②：

---

① 周衛龍等國家茶葉質檢中心對ISO國內紅茶樣分析結果，2004~2005年。

① 趙承易等北京師範大學分析測試中心對茶葉分析測試結果，2005年。

（單位微克／克）

元素	含量
硒Se	0.044
錳Mn	458.9
銅Cu	14.11
磷P	22260
鎳Ni	3.551
鈉Na	36.93
鋅Nz	36.83
鈣Ca	3276
鉀K	16370
F	120

以上結果顯示，正山小種含有較豐富的礦物元素，這也與特定的生態環境及品種密切相關。

表1 茶樣中香氣成分的含量（微克／克）

	成分	保留指數	正山小種	煙正山小種	煙小種	鑑定方法
	源自茶葉的					
1	己醛	1124	3.64	2.19	0.96	St,
2	(E)-2-己烯醛	1228	12.36	7.65	5.14	MS
3	(Z)-3-己烯醛乙酸酯	1320	1.78	0.53	0.24	MS
4	(Z)-3-己烯醇	1386	2.15	1.54	1.46	St,
5	(E,E)-2,4-Hexadienal己二烯醛	1406	0.15	0.24	0.32	MS
6	芳樟醇氧化物I	1443	2.69	0.82	0.70	MS
7	乙酸	1466	1.18	1.14	1.05	St,
8	芳樟醇氧化物II	1470	4.32	2.20	1.29	MS
9	苯甲醛	1529	2.61	1.54	1.05	St,
10	芳樟醇	1551	5.91	3.34	2.09	St,
11	3,7-二甲基-1,5,7-辛三烯-3-醇	1614	1.79	1.50	1.36	MS
12	苯乙醛	1651	14.84	10.02	7.84	St,
13	芳樟醇氧化物III	1751	2.16	1.84	1.06	MS
14	芳樟醇氧化物IV	1776	4.44	2.25	1.58	MS
15	水楊酸甲酯	1788	1.19	1.62	2.98	St,
16	香葉醇	1863	16.50	11.20	10.38	St,
17	己酸	1868	4.82	1.87	1.32	St,
18	苯甲醇	1893	7.40	3.23	1.58	St,

19	2-苯乙醇	1926	4.91	2.21	1.27	St,
20	β-紫羅酮	1949	1.95	1.50	1.52	St,
21	橙花叔醇	2047	3.18	2.29	1.59	St,
	松樹@烯類					
22	長葉環烯	1497	3.13	4.48	3.83	MS
23	樟腦	1517	0.82	1.62	0.63	MS
24	Sativene	1525	0.97	1.71	1.28	MS
25	長葉烯	1566	31.83	55.43	31.26	MS
26	菖醇	1585	0.73	2.57	0.93	MS
27	β-石竹烯	1592	2.40	5.29	12.17	MS
28	1-萜品-4-醇	1602	1.46	2.95	1.31	MS
29	α-石竹烯	1672	1.08	3.33	1.33	MS
30	Estragole	1680	1.03	0.48	1.85	MS
31	α-萜品醇[a]	1706	15.57	49.43	44.08	St,
32	龍腦[a]	1710	1.76	6.85	5.84	MS
33	石竹烯氧化物	1988	0.77	2.96	3.30	MS
34	石竹烯醇	2054	0.61	0.91	1.03	MS
35	Juniperol	2147	5.75	11.18	11.77	MS
	熱解產物					
36	糠醛[a]	1472	3.76	4.50	2.37	St,
37	5-甲基糠醛	1578	1.06	2.04	2.19	MS
38	愈創木酚	1877	3.54	8.06	9.27	St,

39	4-甲基愈創木酚	1970	5.44	14.82	21.27	MS
40	2,3,5-三甲基對苯二酚	1980	0.88	3.33	3.69	MS
41	苯酚	2020	4.25	8.37	10.24	St,
42	4-乙基愈創木酚	2039	3.72	8.98	15.96	MS
43	二甲基苯酚	2086	1.31	2.71	2.72	MS
44	二甲基苯酚	2090	1.57	8.18	12.16	MS
45	二甲基苯酚	2097	3.25	6.15	7.80	MS
46	二甲基苯酚	2113	1.57	5.16	6.74	MS
47	丁子香酚[a]	2167	1.79	5.56	6.19	St,
48	2-乙基-6-甲基苯酚	2170	1.08	5.95	7.34	MS
49	2-乙基苯酚	2178	1.00	3.30	3.43	MS
	總量		201.10	297.02	278.76	
	第1組　茶葉來源的香氣		98.97	60.72	46.78	
	第2組　松樹萜烯類		67.91	149.19	120.61	
	第3組　熱解產物		34.22	87.11	111.37	

[a]也存在於茶葉中

St：標準化合物；MS：質譜

α單位為分，色譜柱為DB-17；[b]峰面積佔總面積百分比

表2 松明（黃山松）的揮發性成分

成分	保留時a	%[b]	成分	保留時a	%[b]
α-蒎烯	3.41	42.91	α-萜品醇	6.72	9.53
莰烯	3.74	3.94	γ-萜品醇	6.80	0.75
β-蒎烯	4.11	0.59	α-長蒎烯	7.44	0.76
檸檬烯	4.64	1.06	長葉環烯	7.67	1.20
Terpinolene	5.44	0.75	Sativene	7.79	0.64
蔄醇	5.92	1.47	長葉烯	8.05	21.22
β-萜品醇	6.25	0.66	β-石竹烯	8.11	4.66
I-萜品-4-醇	6.54	3.02	α-石竹烯	8.41	0.81
龍腦	6.57	2.26	Juniperol	9.72	0.87
樟腦	6.63	0.52	總量		97.62

峰號參見表1

圖1.煙正山小種的香氣氣相色譜－質譜圖

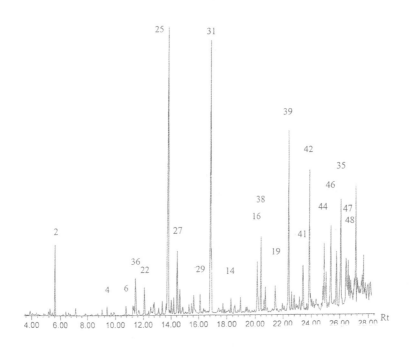

圖2.正山小種的一些特徵香氣成分的結構

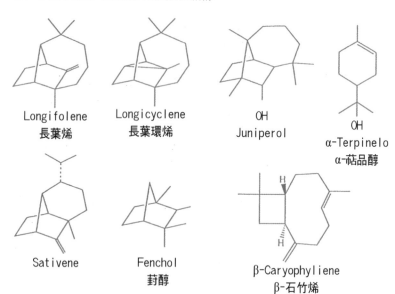

Longifolene
長葉烯

Longicyclene
長葉環烯

OH
Juniperol

α-Terpinelo
α-萜品醇

Sativene

Fenchol
莔醇

β-Caryophyliene
β-石竹烯

第九章

附錄

一、紅茶大事記

1567～1610年
明隆慶－萬曆三十八年間　　　崇安縣令招黃山僧以松蘿法製建茶，出現「湯色紅赤」的發酵茶特徵，是武夷正山小種紅茶現的時期。

1610年明萬曆三十八年　　　正山小種由荷蘭人首次輸往歐洲。

1610年明崇禎十三年　　　正山小種由荷蘭人首次輸往英國。

1662年　　　英王查理二世娶葡萄牙公主凱瑟琳，飲紅茶之風由凱瑟琳傳入英宮廷。

1669年　　　英國政府規定茶葉由英屬東印度公司專營，該公司自爪哇轉運中國紅茶至英國。

1670年　　　東印度公司將紅茶賣到美洲、美國人始喝茶。

1684年　　　清政府第一次海禁解除，廈門港開始直接出口武夷紅茶。

1689年　　　英國東印度公司直接由廈門港輸入武夷正山小種紅茶。

1706年	《安溪茶歌》首次記載仿製的武夷紅茶。
1734年	武夷山記載周邊仿製正山小種的「江西烏」出現。
1757年	清政府實行第二次海禁，武夷紅茶始從河口轉運廣州和恰克圖。
1792年	首次記錄英人馬嘎爾尼把中國茶樹帶往印度。
1820年以後	福建以外的江西、湖南、湖北、安徽等省份開始出現紅茶。
1827年	荷人雅各松從中國帶茶種和工人到印度尼西亞種植。
1833年	爪哇（印度尼西亞）茶上市。
1835年	英人自中國採購適合製作紅茶的武夷山茶種運至印度。
1839年	印度紅茶開始進入英國茶葉市場。
1848年	英國人福鈞把武夷山製作紅茶技術竊至印度。
1853年	武夷茶直接從福州出口。
19世紀60～70年代	閩東工夫紅茶、安徽祁門紅茶開

始出現，錫蘭（斯里蘭卡）開始
產茶。

1900年　　　　　　　　印度紅茶外銷首次超越中國茶。

1924年　　　　　　　　東非開始栽植茶葉。

二、《茶考》

明·徐㷆

　　按《茶錄》諸書，閩中所產，以建安北苑第一，壑源諸處次之。武夷之名，宋季未有聞也。然范文正公《鬥茶歌》云：「溪邊奇茗冠天下，武夷仙人從古栽。」蘇子瞻亦云：「武夷溪邊粟粒芽，前丁後蔡相籠加。」則武夷之茶在前宋亦有知之者，第未盛耳。元大德間，浙江行省平章高興始採製充貢，創御茶園於四曲，建第一春殿、清神堂、焙芳、浮光、燕賓、宜寂四亭，門曰仁風、井曰通仙，橋曰碧雲。國朝寢廢爲民居，惟喊山台、泉亭故址猶存。喊山者，每當仲春驚蟄日，是官詣茶場，致祭畢，隸卒鳴金擊鼓，同聲喊曰：「茶發芽！」而井水漸滿，造茶畢，水遂渾涸。而茶戶採造，有先春、探春、次春三品。又有旗槍、石乳諸品，色香不減北苑。國朝罷團餅之貢，而額貢每歲茶芽九百九十斤，凡四種，嘉靖中，郡守錢㙢奏免解茶，將歲編茶夫銀二百兩解府，造辦解京御茶改貢延平。而茶園鞠成茂草，井水亦日湮塞。然山中土氣宜茶，環九曲之內，不下數百家，皆以種茶爲業，歲所產數十萬觔，水浮陸轉，鬻之四方，而武夷之名，甲於海內

矣。宋元製造團餅，稍失眞味。今則靈芽、仙萼，香氣尤
清，爲閩中第一。至於北苑、壑源，又泯然無稱。豈山川
靈秀之氣，造物生殖之美，或有時變易而然乎？

〔注〕徐㶿：（1563~1639）字惟起，閩縣人。博學多聞，工文，善草、
隸、詩歌，與其兄徐熥（字惟和）同為明萬曆年間福州七才子之一。在武
夷山留有多篇詩詞，著有《鼇峰集》。現存其著數篇茶文，曾到休寧考查
過松蘿茶，積書數萬卷，以布衣終。

三、清‧釋超全詩

《武夷茶歌》

相傳老人初獻茶，死爲山神享廟祀。

建州龍團始丁謂，貢小龍團君謨製。

元豐敕獻密元龍，品比小團更爲貴。

元人特設御茶園，山民終歲修貢事。

明興茶貢永革除，玉食豈爲遐方累。

景泰年間茶久荒，喊山歲猶供祭費；

輸官茶購自他山，郭公青螺除其弊；

嗣後岩茶亦漸生，山中藉此少爲利。

往年荐新苦黃冠，遍採春芽三日內；

搜盡深山粟粒空，官令禁絕民蒙惠。

種茶辛苦甚種田，耕耘採摘與烘焙；

穀雨期屬處處忙，兩旬晝夜眠食廢；

道人山僧難爲糧，春作秋成如望歲。

凡茶之產惟地利，溪北地厚溪南次；

平洲淺渚土膏輕，幽谷高岸煙雨膩。

凡茶之候視天時，最喜天晴北風吹；

苦遣陰雨風南來，色香頓減淡無味。

近時製法重清漳，漳芽漳片標名異；

如梅斯馥蘭斯馨，大抵焙時候香氣。

鼎中籠上爐火紅，心閒手敏工夫細。

岩阿宋樹無多叢，雀舌葉紅霜葉醉；

終朝採摘不盈掬，漳人好事自珍秘。

積雨山樓苦晝閒，雨聲雜沓松濤沸。

重烹山茗沃枯腸，一霄茶話留千載。

《安溪茶歌》

安溪之山郁嵯峨，其陰長濕生叢茶；

居人清明採嫩葉，為價甚賤供萬家。

邇來武夷漳人製，紫白二毫粟粒芽。

西洋番舶歲來買，王錢不論憑官牙。

溪茶遂仿岩茶樣，先炒後焙不爭差，

真偽混雜人賾賾，世道如此良可嗟。

吾衰病肺日增加，蔗漿茶茗當食霞。

‧仙人道人久不至，井坑香澗路途賒。

江天極目浮雲遮，且向閒庭掃落花。

□□□□□□□，無暇為君辨正耶。

〔注〕釋超全：（1627～1712年），俗名阮旻錫，字疇生，同安人，康熙

二十五年（1686年）入武夷山天心禪寺為僧，主要著作有《海上見聞錄定本》。在武夷山著有《幔亭遊稿》，及《武夷茶歌》。1706年在廈門著有《安溪茶歌》。

四、《閩小記》節選

閩茶

　　武夷、夙崗、紫帽、龍山皆產茶。僧拙於焙，既採則先蒸而後焙，故色多紫赤，只堪供宮中浣濯用耳。近有以松蘿法製之者，即試之，色香亦具足，經旬月則紫赤如故。蓋製茶者不過土著數僧，耳語三吳之法，轉轉相效，舊態畢露。此須如昔人論琵琶法，使數年不近盡忘其故調，而後以三吳之法行之或有當也。

（清）周亮工

閩茶曲

　　閩茶實不讓吳越，但烘焙不得法耳，予視事建安，戲作閩茶曲。

　　龍焙泉清氣若蘭，士人新樣小龍團。
　　盡誇北苑聲名好，不識源流在建安。

　　建州貢茶自宋蔡忠惠始，小龍團亦創於忠惠，時有士人亦為此之誚。龍焙泉在城東鳳凰山，一名御泉，宋時取

此水造茶入貢。北苑亦在郡城東，先是建州貢首先稱北苑
龍團，而武夷石乳之名未著。至元，設場於武夷，遂與北
苑並稱。今則但知有武夷不知有北苑矣。吳越間人頗不足
閩茶而甚艷北苑之名，實不知北苑在閩中也。

御茶園裏築高台，驚蟄鳴金禮數該。
那識好風生兩腋，都從著力喊山來。

御茶園在武夷第四曲，喊山台、通仙井皆在園畔。前
朝著令每歲驚蟄日，有司為文致祭，祭畢鳴金，擊鼓台上
揚聲同喊曰：茶發芽，井水既滿用以製茶，上供凡九百九
十斤。製畢水遂渾濁而縮。

崇安仙令遞常供，鴨母船開朱印紅。
急急符催難掛壁，無聊斫盡大王峰。

新茶下，崇安令例致諸貴人，黃冠苦於追呼，盡斫所
種，武夷真茶久絕。漕篷船前狹後廣，延建人呼為鴨母。

一曲休教松栝長，懸崖側嶺展旗槍。
茗柯妙理全為祟，十二真人坐大荒。

茗柯為松栝蔽，不近朝曦，味多不足，地脈他分，樹

亦不茂。黃冠既獲茶利遂遍種之，一時松栝樵蘇都盡，後百年爲茶所困。復盡刈之，九曲遂濯濯矣。十二眞人皆從王子騫學道者。

　　歙客秦淮盛自誇，羅囊珍重過仙霞。
　　不知薛老全蘇意，造作蘭香誚閩家。

　　歙人閔汶水居桃葉渡上，予往品茶其家，見其水火皆自任，以小酒盞酌客頗極烹飲態。正如德山擔青龍，鈔高自矜許而已，不足異也。秣陵好事者常誚閩無茶，謂閩客得閔茶，咸製爲羅囊，佩而嗅之，以代梅檀，實則閩不重汶水也。閩客遊秣者宋比玉洪仲韋輩類，依附吳兒強作解事，賤家雞而貴野鶩，宜爲其所誚歟。三山薛老亦秦淮汶水也，薛常言，汶水假他味，逼作蘭香，究使茶之本色盡失汶水，而在閩此亦當色沮，薛常住歩峒自爲剪焙，遂欲駕汶水上，余謂茶難以香名，況以蘭盡，但以蘭香定茶，咫見也，頗以薛老論爲善。

　　雨前雖好但嫌新，火氣難除莫近唇。
　　藏得深紅三倍價，家家賣弄隔年陳。

　　上游山中人類不飲新茶，云火氣足以引疾，新茶下，買陳者急標以示，恐爲新累也，價亦三倍。閩茶新下不亞

吳越，久貯則色深紅，味亦全變，無足貴者。

延津廖地勝支提，山下萌芽山上奇。

學得新安方錫罐，松蘿小欸恰相宜。

前朝不貴閩茶，即貢亦只備宮中浣濯甌盞之需。貢使類以價貨京師，所有者納之，間有採辦皆劍津廖地產，非武夷也。黃冠每市山下茶，登山貿之。閩人以粗瓷膽瓶貯茶，近鼓山支提新茗出，一時學新安製爲方圓錫具，遂覺神采奕奕。

太姥聲高綠雪芽，洞山新泛海天槎。

茗禪過嶺全平等，義酒應教伴義茶。

閩酒數郡如一，茶亦類是。今年得茶甚夥，學坡公義酒事，盡合爲一，然與未合無異也。綠雪芽太姥山茶名。

橋門石錄未消磨，碧竪誰教盡荷戈。

卻羨籛家兄弟貴，新銜近日帶松蘿。

蔡忠惠茶錄石刻在甌寧邑庠壁間，予五年前楊，數紙寄所知，今漫漶不如前矣。延邵呼製茶人爲碧竪，富沙陷後，碧竪盡在綠林中。籛鏗二子曰武曰夷，學道山中因以武夷名。崇安殷令招黃山僧，以松蘿法製建茶堪並駕。今

年余分得數兩，甚珍重之。時有武夷松蘿之目。

　　漚麻浥竹斬栟櫚，獨有官茶例未除。

　　消渴仙人應愛護，漢家舊日祀乾魚。

　　上遊人漚麻為苧，浥竹為側理，斬棕櫚為器具，皆足
自給，獨焙茶大為黃冠累。漢以乾魚祀武夷君。

武夷山的船棺：；武夷山400年文明史的見證

五、《清代通史》（卷二節選）

蕭一山著

九十‧茶市之組織

（摘自中華書局1985年影印版《清代通史》卷二第四篇：十九世紀之世界大勢與中國，第847～851頁）。

㈠飲茶風氣之傳播與茶市之交易

中國與外人通商，在鴉片戰爭前，茶為出口貨之大宗，故當時茶市之組織，有足紀者。歐洲人之知有茶，在明嘉靖二十九年左右，約二百年後，方見茶樹。十九世紀中葉以前，印度錫蘭之茶，尚未出世，歐人所用，盡屬中國產品。葡、荷兩國，與中國通商較早，明末崇禎十三年，紅茶（有工夫茶、武夷茶、小種茶、白毫等）始由荷蘭轉至英倫。康熙二十三年（一六八四年），東印度公司通知英商云：「現時茶已通行，望每年購上好新茶五六箱運來。」蓋此僅作饋贈之用耳。康熙四十四五年間，綠茶（有大珠茶、小珠茶、熙春茶──雨前皮茶屬之，婺源茶、屯溪茶、揀培茶、松蘿茶、包種茶、押冬茶等）始傳

閩茶

武彝岕崩、紫帽龍山、皆產茶、僧拙于焙既採則
先蒸而後焙、故色多紫赤、只堪供宮中浣濯用
耳、近有以松蘿法製之者即試之色香亦具足、
經旬月則紫赤如故、蓋製茶者不過土著數僧
耳、語三吳之法轉轉相效舊態畢露此須如昔
人論琵琶法使數年不近盡忘其故調而後以
三吳之法行之或有當也

（清）周亮工撰

閩 小 記

司為文致祭，祭畢，鳴金擊鼓，臺上揚聲同喊曰：

茶發芽，井水既滿，卯以製茶上供，凡九百九十

片，製畢水遂

渾濁而縮，崇安仙令遞常供鴨母船開朱印，

紅急急符催，難掛壁無聊，所盡大王峰，新安令下，

倒致諸貴人黃冠，苦干追呼盡術，所種武夷眞

茶久絶，漕蓬船前彼後，廣延建人，呼為鴨母。

一曲休教松栝長懸崖側嶺，展旗槍茗柯妙理，

全為崇十二眞人坐大荒。茗柯為松栝蔽不近，

他分樹亦不茂。黃冠既獲茶利，遂遍種之，一地脈，

人皆從王子騫學道者。欽客泰淮盛自誇羅囊，

九曲遂灌灌矣，十二眞。

珍重過仙霞，不知薛老全蘇意，造作蘭香銷閩，

家欽人閱，汝水居於桃葉渡上，于往品茶，其家見

閩茶實不讓吳越、但烘焙不得法开予祝事建

安戲作閩茶曲　龍焙泉清氣若蘭士人新樣

小龍團盡誇北苑聲名好。不識源流在建安。建

貢茶白宋蔡忠惠始小龍團亦創于忠惠時有

士人亦為此之謂始龍焙泉在城東鳳凰山一

名御泉宋時取此水造茶入貢北苑亦在郡

城東先是建州貢茶首稱北苑龍團而武夷石

乳之名未著至元設場于武夷遂與北苑

今則但如有武夷不設場于北苑矣遂與吳越間人

頗不足知北茶而甚艷北苑之

名實不知北苑在閩中也　之御茶園裏築高臺

驚蟄鳴金禮毀該那。識好風生兩腋都從着力

喊山來。御茶園在武夷第四曲喊山臺通仙井

皆在園畔　前朝著令每歲驚蟄日有

嶺全不等。義酒應教伴義茶。木類是。今年如得一茶。閩酒數郡如得一茶

未合無異也。綠雪芽太姥山茶名。未然與橋門石錄

未消磨碧墮誰教盡荷戈却羨錢家。兄弟貴新。

甚尠學坡公義酒事盡合為一。然與橋門石錄

衙近日帶松蘿。蘿壁間予五年前刻楊數在甌寧邑庠

今漫德不如前矣。延邵呼製茶人為碧墮富於制茶

沙阳後學道山中田以武夷名。今年崇安殷令招黃山僧

以學道松蘿法製建茶甚佳。今年余分得數兩甚

珍重之。時有武夷漳麻沱竹斬枋欄。獨有官茶倒

夾松蘿之日。武夷漳麻沱竹斬枋欄。獨有官茶倒

未除消渴仙人應愛護漢家舊日祀。乾魚人上漳游

麻為芋沱竹為倒理斬棧欄為器具皆足自漳

給獨焙茶大為黃冠累漢以乾魚祀武夷碧

閩小紀卷之一終

正如德山擔青龍鈔高自矜許而已不足異也

珠陵好事者常嗅之諸閩無自矜許而閩茶次茗製也

為羅囊佩珠陵者之雜宋水而貴玉榧閩樞閩寶則閩客而得

也彊閩客作解醉水秦睞淮次崗本色盡薛野常驚韋閩宜茂為蓮閩不重茶次茂製也

見也彊閩客作苫長彗穷使住茶之也崗以自色盡失剪故言宜茂欲在假所侶附諸吳水襲

兒也為閩強閩客作解醉水秦睞淮水崗本色盡失剪故遂水欲駕雖水此味戴吳水襲

三山薛蕶祖香窔使住茶次本色盡失常剪故遂以雨前雖好味所侶附諸吳水襲

逈山當作蘭蘸長薛窔難以香芳兄以自為薛老蘭論寫善以遂水欲駕其類依附諸吳水襲

水嘗餘謂蘭色祖香難見以香名芳以況以薛老蘭論寫善雨前雖好水在他聞諸吳水襲

上余謂定茶難限見也頗名芳以況自為善論寫雨前雖好水駕其所侶附諸吳水襲

蘭香定茶難限以香名芳以況自為蘭論善雨雖好水在他聞此味戴吳水襲

但嫌新火氣難除莫近屑藏得深紅三倍

家賣弄隔年陳新氣上山中人類不飲新

綜以示恐窖新色累也價引人疾新茶下賈新

丘吳越久貯則色深紅味亦三倍貴者急

津廖地勝支提山下萌芽山上喬學得新安方

錫礦松蘿小欵恰相宜只備官中浣濯甌益貢

皆貢使頗以價京師所有者每市間布採薛貢

需貿之一時聞人以粗蕪為檐瓿貯錫茶具遂覽神采

山新名出一時學新安製為方圓錫具遂覽神采

奕奕太姥聲高綠雪芽洞山新泛海天嗟茗禪過

至英國。是時英國人雖已與中國直接通商，而茶運須由班塔木（在爪哇西北角，即現時之巴達維亞Batavia）轉輸，頗多不便。後需茶之量漸多，中英茶市，始變間接而爲直接之關係。十八世紀初葉二十五年內，東印度公司每年平均運茶四十萬磅。康熙四十三（一七〇四年）英船康德號即運茶10萬斤。康熙五十九年（一七二〇年）英商獨購一萬六百七十七箱。乾隆六年（一七四一年）出口茶總量爲三萬七千七百四十五萬擔，乾隆十五年（一七五〇年）且達六萬八百四十二擔。十九世紀初葉二十五年內，則平均數增加至兩千萬磅，凡五十倍之，英人飲茶之風，蓋已逐漸普及矣。當茶葉之初到倫敦也，公司進貢英王，貴族仿而用之，而婦女之時髦者，深恐茶中有毒，飲後以白蘭地酒解之，其關心世務者，則以茶之毫無滋味，徒耗金銀，大倡反對之論，然以酒稅之增加，酒價飛騰，貧民用茶代酒，故至嘉慶十八年左右，其風氣已通行全國矣。約翰生Samuel Johnson自述其二十年嗜茶成癖，宜朝宜夕。六合叢談所載華英商商事略言，英國人以酒爲飲料，酗暴滋事，及改飲茶，則養成彬彬君子之風，是茶爲英國民性優良之恩物矣。茶之買賣，完全由公行與商館訂立合同，交受貨物，然後再轉賣於本國之商人，茶價之支配，其權操

之公行，故公行可以完全操縱茶市。每年三月，商館與公行訂立合同，交茶一次，冬季再交一次，皆以前一年九月所採之樣包作標準，苟成色不同，商館可以拒絕，或酌量減價。公行茶之來源，皆先由茶商往產茶地方聯絡，並調查茶田之實況。每年二月，茶商至廣州與公行談論秋季茶市，行商即據以與商館訂立合同。茶商之資本不充，皆從公行借貸款項，然後方能辦茶，當時茶商約一千餘人，大率如此，故茶商之活動，亦受制於公行勢力之下。茶價在雍正間每擔十三四兩，乾隆間增至十五兩，乾隆二十年，已達十九兩云。

㈡**茶之運輸與數量**（附歐洲人通商大略統計）

茶之運輸，可分兩段，由茶區而運至廣州，是為陸運；由廣州而運至歐美，是為海運；陸運公行司之，海運商館司之，兩方皆以全副之精神，解決交通問題。故商市之影響，又不僅在於政治外交方面也。是時出口之茶，來源於福建（紅茶）、安徽（綠茶）、江西（二色）三省，而以江西河口為集中地，然後沿贛江南下至大庾嶺，用勞工挑過莫林關，再由南雄沿北江運至廣州或黃埔。由茶田至口岸，水陸程二千四百餘里，費時間一二月，皆依賴勞工之搬運。而勞工所受之報酬，則甚為微薄，殊可惜也！

嘉慶十八年，英商館由福州用海船運壹百零一萬九千七百二十磅之茶至廣州，全程不過十三日，而三年後逐漸增加至八九百萬磅，運輸之方便，遠過於陸路，而公行不利其行，請政府禁止之，英商雖恨其專斷，然亦無可如何也！道光十九年，賴班脫（George Larpent）等在倫敦私擬條件，請政府要求中國取消公行，並開放福州、廈門爲商埠，以便茶市之發達，則英國人對於公行之感想如何，即此可知矣。海運在康熙二十八年前，需由班塔木轉運至印度，再轉至歐洲，旣以運費太重，方有直接之海運，其路程大約取道美洲。時在道光初年也（康熙五十年，英國國會准倫敦至英洲之直接海運，道光四年，更准中國至美洲之直接海運）。乾隆四十七年，歐洲人在廣東運茶一千四百六十三萬零二百磅，內四百十三萬八千二百九十五磅爲英商館所運輸。數年後，英國人運茶已比他國總數增多一倍，嘉慶十三年後，每年平均約二千六百餘萬磅，則茶運之利，幾盡爲英國人所攘奪矣。蓋英國人最狡獪，有時欲壟斷茶市，包購市上所有之茶：有時又故意不買，聽法、荷諸國之船離口後，始收購，而茶價已大落矣。然英國政府課茶稅極重，十八世紀初，即每磅徵收稅五先令，各國茶商常私運入口，減低售價，以故東印度公司所運之茶，反形滯銷，因之大起恐慌。是則各國商人之競爭，即此可

見一斑矣。當時歐洲人雖謂中國之賦稅過重，甚或因此虧折（東印度公司謂英貨至粵，二十三年間，眞正損失，達一百六十八萬八千一百零三磅），而通商之事，迄未少衰，且日滋繁盛焉。觀於下表，盡可知矣。

年代	各國商船停泊黃浦隻數							
	英國	美國	法國	荷蘭	葡萄牙	瑞典	丹麥	總計
乾隆十六年 （一七五一年）	九艘		二艘	四艘		二艘	一艘	一八艘
乾隆五十四年 （一七八九年）	六一艘	一五艘	一艘	五艘	三艘		一艘	八六艘

中國物產繁富，人口眾多，誠世界之良好市場，爲外人所必經營者，故雖遇艱困，亦弗肯棄，卒有今日也！當拿破崙戰爭之時，英已握海上霸權，而美國方嚴守局外中立，其與各國，皆無嫌怨，以故鮮明旗幟，翻翩海上者，惟英船、美船而已。而嘉慶十七八年間，美之商業尤盛。及戰爭終局，各國對於遠東事業，皆竭力經營。自道光十五年至二十四年，凡十年間，荷蘭每年派一千五百二十賴司特（近代噸數二千六百六十噸）之船七艘東來，平均載價值四十九萬八千九百五十先令之輸入品，四十六萬八千三百三十先令之輸出品，其他諸國可視此推知云。

〔注〕蕭一山：（1902～1978年），字桂森，號非宇，江蘇徐州人。1920年入北大政治系，後轉歷史系。曾先後執教於清華、北大等校，曾任東北

大學文理學院院長、西北大學文學院長。《清代通史》上卷出版時他年方二十，梁啟超序之以「志毅而力勤，心果而才敏」，「非直識力精越，乃其技術亦罕見也。」《清代通史》一書，是蕭一山一生中最主要的學術著作，原分為上、中、下三卷，1948年赴台灣大學任教後，又對此書重新修訂和補充，擴大為五卷，全書共410萬字。

六、關於正山小種紅茶名稱的演變

正山小種紅茶在近400年的歷史中，其名稱有一個不斷演變的過程。在它出現之初，當地是以「烏茶」名之，傳至國外則由於各國按照中國對茶的發音稱「CHA」。後則稱小種茶，這時出現的小種茶是指紅茶，與現時武夷岩茶中的小種茶代表烏龍茶的一個品種是不同的。小種紅茶名稱的出現依照《清代通史》的記載應當在1640年傳入英國之前。1689年英國人首次直接從廈門港進口小種紅茶，開始依廈門口音稱茶為TEA，然後稱產之於武夷山的小種紅茶為BOHEA TEA。

18世紀初，在安溪出現仿製的武夷紅茶，武夷山當地也出現邵武、江西廣信等地仿製桐木烏茶的江西烏茶。為區別正宗的烏茶和仿製的江西烏茶，開始有正山小種紅茶和外山小種紅茶之稱。然而這些仿製的紅茶和武夷山及武夷山周邊生產的紅茶均以「武夷紅茶」之名出口，因此在18世紀的武夷紅茶，實際上成了福建省外銷紅茶的代稱。由於除福建省以外，其他省在18世紀尚未出現紅茶，武夷紅茶在18世紀甚至成了中國紅茶的總稱。

19世紀初，由於國外對紅茶的需求急劇擴大，全福建

生產的紅茶也難以滿足外銷的需要，清道光年間以後外省如江西、湖南、湖北，繼而安徽等等紅茶產區紛紛出現，武夷紅茶在中國紅茶中的比重不斷降低，而地位則不斷滑落，逐步又回到爲區域性紅茶的名稱。19世紀60年代，閩東工夫紅茶出現，又改變了全省唯有武夷紅茶的局面，武夷紅茶名稱在外銷中漸漸不再使用，桐木產的紅茶則單獨稱「正山小種」。1853年後福州港開始出口茶葉，正山小種即全部經福州港外銷出口。因正山小種由松材燻焙過，福州地方口音對松明發Le的音，以松材燻焙過則發Le Xun的音，稱產於桐木的正山小種紅茶爲Le Xun小種紅茶。閩東工夫紅茶出現後，國外爲區別福建紅茶，開始以福州地方口音稱武夷正山小種紅茶爲Lapsang Souchong, Lapsang即爲Le Xun的諧音。英國大不列顛百科全書稱該名詞出現於1878年。至今爲止，正山小種出口一直都使用Lapsang Souchong或Lapsang Blacktea名稱。

七、武夷紅茶的洩密和衰落

　　武夷岩茶（烏龍茶）名列中國十大名茶，武夷山為中國烏龍茶的發源地，現已是眾人盡知。但與武夷烏龍茶幾乎先後出現於武夷山，並在歐洲紅極一時的武夷紅茶是中國最早出現和最先輸出國外的紅茶的歷史知道的人並不多。而把武夷紅茶演變成豐碩華美的紅茶文化，更把紅茶推廣到全世界，形成現在年消費達9000億杯之多的英國人曾經派遣間諜竊取武夷紅茶製造秘密的歷史則更鮮為人知。

　　武夷紅茶早在明末出現武夷山市星村鎮桐木村，它在1610年由荷蘭人把它輸往歐洲，1640年首次進入英國。武夷紅茶開始揚名英國則是在1662年葡萄牙公主凱瑟琳嫁給英皇查理二世時帶去幾箱武夷紅茶作為嫁妝，從此喝紅茶成了皇室家庭生活的一部分。隨後，安妮女王提倡以茶代酒，把飲用紅茶引入上流社會，武夷紅茶開始在英國上流社會流行。早期倫敦市場只有武夷紅茶，別無其他茶類，最先它是以治病功能在藥店出售，異常昂貴，有擲三銀塊飲茶一盅之說，只有豪門富室方能享用得起。由於「勞工和商人總在模仿貴族」，逐步地一般勞動群眾也廣泛飲用

紅茶。武夷紅茶的銷售量迅速擴大。據有關資料顯示，英國1664年只進口武夷紅茶兩磅多，在以後的20年間，平均每年僅進口271磅。但進入18世紀武夷紅茶的銷售量大幅上升，在18世紀中期武夷紅茶年出口量約5000擔，佔這一時期華茶出口總量的75％。到18世紀末的1792年武夷紅茶出口156000擔，佔當年華茶出口的85％，以每擔30兩銀計，武夷紅茶的出口值達468萬兩白銀。到19世紀茶葉出口繼續增長，由於茶葉海外需求大幅上升，僅福建的紅茶已經不能滿足需要，一些行商便開始在中國各茶葉產區發展紅茶，如江西寧紅、湖南湖紅、湖北宣紅、安徽祁紅等相繼出現，紅茶生產也由福建擴散至南方各產茶區。紅茶出口保持在百萬擔以上，最高年份達165萬擔，武夷紅茶的出口最高年份也達60萬擔。紅茶成為中國輸英和向西方各國輸出的主要茶類。在紅茶中「武夷茶」（BOHEA TEA）成為「武夷紅茶」的專名和中國出口茶葉中最受歐美歡迎的搶手商品。有一個時期，只要英國東印度公司運輸茶葉的船隻一到倫敦，不日，倫敦街頭就能聽到一聲聲「武夷茶，先生，新到的武夷茶」的叫喊聲。紅茶貿易的大發展也給中國帶來了滾滾財源，早年來華的英國商船，運載的白銀常常佔90％以上，白銀大量流入中國，還一度造成中

國錢貴銀賤。

到了1834年，長期經營華茶貿易的英國東印度公司喪失了茶葉進口壟斷權。自己生產茶葉便成了這個貿易巨頭的主要目標。雖然東印度公司早在1792年便出資資助政府特使馬嘎爾尼藉向乾隆皇帝祝賀80壽誕之際，已把中國的茶樹種子和茶苗弄到印度，但那時東印度公司對華貿易處於壟斷地位，它也不願意殖民地生產的茶葉影響它對茶葉的壟斷，儘管到1830年印度阿薩姆邦已開闢茶樹種植園，但他們生產的茶葉品質太差，根本不可能與中國的茶葉媲美。為了移種中國茶，掌握中國的製茶技術，東印度公司找到了福鈞這個人。

福鈞何許人也，在倫敦吉爾斯東大街 9 號的牆上有一塊藍色的牌子，上面鐫刻著這樣的字句：植物學家福鈞 1880 逝世於此。福鈞（Fortune）又譯「羅伯特・福瓊（Robert Fortune 1813～1880 年），也有譯 復慶（Fortune），在 1842 至 1845 年間，他曾身為倫敦園藝會領導人在中國待過一段時間，對中國比較了解，在回國時帶回了 100 多種西方人沒有見過的植物，福鈞於 1843 年 7 月在武夷山採集植物標本時，為九曲溪綺麗風光而繪有一幅九

曲風光圖，該圖刊在武夷山申報世界文化和自然遺產的文本上。像這樣一個戴有植物學家頭銜的英國紳士很難想像會和間諜掛起鉤來。然而法國《歷史》月刊 2002 年 3 月號文章卻驚爆一個秘密：福鈞竊取中國茶葉機密。文章披露一個英國茶道愛好者在英國圖書館裏的東印度公司資料中發現一份命令。命令是英國駐印度總督達爾豪西侯爵 1848 年 7 月 3 日根據植物學家詹姆森的建議發給福鈞的。命令說：「你必須從中國盛產茶葉的地區挑選出最好的茶樹和茶樹種子，然後由你負責將茶樹和茶樹種子從中國運送到加爾各答，再從加爾各答運到喜馬拉雅山。你還必須盡一切努力招聘一些有經驗的種茶人和茶葉加工者，沒有他們，我們將無法發展在喜馬拉雅山的茶葉生產。」福鈞在東印度公司付給他每年 500 英鎊的驅使下充當起了間諜的角色。

他於 1848 年 9 月抵達上海，然後到黃山，爾後又到了寧波，然後在 1848 年 12 月 15 日寫給駐印總督的信中高興地向他報告：「我已弄到大量的茶種和茶樹苗。」1849 年 2 月 12 日，福鈞致函駐印總督，想到著名紅茶產區武夷山考察一下，獲准後，他及其隨從到了武夷山，其間住宿在一些寺廟裏。他從寺廟的和尚那裏打聽到了一些茶道的秘

密。還喬裝成知識界名流，了解到使綠茶變成紅茶的過程：即對茶葉進行發酵處理的技術，他發現了綠茶和紅茶是同一種植物，在此之前西方並不了解。同時，他還爲打通武夷山紅茶到福州的運輸通道出主意。他寫道：「在這些山中海拔三四千尺處發現了我急欲找到的紅茶產區。」「如果英國商人肯在這裏（指福州）住下來，並讓中國人感到英國資本在他們當中流通的好處，我們就能夠直接獲得武夷茶。而免去陸路運費以及在原價以下所附加的內地通過稅。」他還招聘了 8 名中國工人，於 1851 年 3 月 16 日乘坐一艘滿載茶種和茶苗的船抵達加爾各答。3 年後，福鈞終於完全掌握了種茶和製茶的知識和技術，從此印度的茶葉種植面積迅速擴大，產量急劇躍升，世界的茶葉市場格局開始發生變化。1838 年前世界茶清一色是中國茶，但 50 年後即 1900 年印茶輸出已首次超過華茶，相當於華茶輸出總量的 1.04 倍，代表著華茶壟斷世界市場的歷史正式結束。到了 1918 年華茶佔世界茶葉市場的比率已下降至7％。

在印茶的擠壓下，武夷紅茶的出口市場日益萎縮，從歷史最高點的1880年的約60萬擔到1890年時已降爲約25萬擔，到了1939年時福建武夷紅茶的出口量降到最低點，只

有約25000擔。

當然華茶的衰敗和武夷紅茶風光不再的原因遠沒有這麼簡單，但福鈞竊取中國有「近5000年歷史的訣竅」，極大促進印度茶葉種植業的發展卻是毋庸置疑的。回到英國後，福鈞發表了他的旅行手記。

註：原載於《閩北日報》

武夷山桃源洞開元堂道觀

八、武夷紅茶何日再創輝煌

——有感於英國立頓紅茶登陸武夷山

前些天與家人到市區奇龍超市購物，赫然看到英國立頓紅茶擺在貨架上，感到十分驚訝。大家都知道英國不產茶，卻是茶葉消費大國，試想300多年前武夷山的正山小種紅茶登陸英國時舉國尊崇，何等之輝煌，現在英國人卻把紅茶銷到紅茶的發源地，真是世道滄桑，三十年河東，三十年河西，不禁令人感慨萬千。

歐洲人飲茶的歷史很短，只有400多年，據說最先把中國茶葉帶往歐洲的是葡萄牙人。而最先把中國紅茶輸入到歐洲的是荷蘭人，1610年荷蘭人首次把產於中國武夷山桐木村的小種紅茶輸回國。武夷紅茶輸入英國要比歐洲大陸晚30年，1662年葡萄牙公主凱瑟琳嫁給英皇查理二世時帶著幾箱中國紅茶作為嫁妝，從此喝紅茶成了皇室家庭生活的一部分。隨後，安妮女王提倡以茶代酒，把茶引入上流社會，逐步地一般勞動群眾也廣泛飲用紅茶，當時有人指出「勞工和商人總在模仿貴族，你看修馬路的工人居然在喝茶，連他的妻子都要喝茶」。英國人對武夷紅茶特別感興趣，最早的茶葉文獻裏「BOHEA TEA」一詞即指指武

夷紅茶。早期的倫敦市場只有武夷紅茶，別無其他茶類，最先它是以治病功能在藥店出售，異常昂貴，只有豪門富室方能享用得起。由於英國皇室成員對紅茶的熱愛，塑造了紅茶高貴華美的形象。到了18世紀末，英國人對茶葉的消費，平均每人每天超過兩杯，英國成了一個飲茶的國家。到如今，茶是英國人消耗量最大的飲料，佔有45％的比率，平均每個英國人，不論男女老少（10歲以上）每天至少要喝3杯半的茶，總計全國每天要喝掉近2億杯的茶。

在英國，因茶而產生的傳統有許多，像茶娘、喝茶時間、下午茶、茶館及茶舞等。茶娘的傳統源自300多年前的東印度公司一位管家的太太，當時該公司每次開會，都由她泡茶服侍，她所立下的模式成為持續300多年的傳統。20世紀當東印度公司決定以自動販賣機取代「茶娘」之職時，引起全英國的反對。

喝茶時間是英國另一傳統，已有200多年歷史，起初是老闆讓上早班的工人在上午略事休息，並供應一些茶點，有的老闆甚至下午時也提供相同的福利。這個傳統也就一直流傳下來。

下午茶起源於18世紀，第七世裴德福公爵夫人安娜別

出心裁，規定17時進茶及餅乾，說這樣可以產生消除沉思的感覺。此後，午後茶就成為風行全國的一種時興的禮儀，通常都在紅茶中加入牛乳或乳酪。由於當時茶價很高，因此還規定武夷小種紅茶泡兩三次。

茶館的構想則源自一家麵包公司的女主管。她說是老闆讓她開一家店，同時供應茶和點心。該茶館自1864年成立後，茶館開始在英國大行其道，而成為另一項傳統。有趣的是，茶館剛出現時竟成單身女子唯一能公開會晤朋友而不損及名譽的唯一場所。

在茶會中還流行跳茶舞，由一組小型樂隊彈奏輕快旋律，紳士、淑女們聞樂雙雙起舞，曲終後眾人歸座繼續品嘗紅茶和茶點。

英國人鍾愛紅茶，並把它演變成豐碩華美的紅茶文化，更把它推廣到全世界，至今世界茶葉貿易量80％以上都是紅茶。19世紀中葉以前，中國是英國紅茶的唯一供應地，其中武夷紅茶是主要的品種，佔70％以上，最高年輸出量達80萬擔，產量在120萬擔以上。

茶葉貿易發展，促成白銀滾滾流入中國。早年來華的

英國商船，運載的白銀常常佔90％以上。白銀大量流入中國，還一度造成中國錢貴銀賤。

但到19世紀末期，中國戰亂連連，國力日益衰敗，茶葉產量銳減，在印度以先進的技術製作的紅碎茶大量上市時，中國紅茶的地位便一落千丈，一度跌至只佔英國紅茶進口總量的4％。到20世紀時，武夷紅茶便再也沒有輝煌過，但武夷正山小種紅茶因其優異的品質仍享譽國際。

在中國改革開放20多年後的今天，和經濟全球化浪潮的推動下，紅茶也在悄悄地進入茶葉的故鄉中國。現在英國「立頓」紅茶堂而皇之擺上中國的許多超市，可見飲紅茶已成為一種都市時尚。武夷山是世界紅茶的發源地，曾為武夷山爭得崇高的榮譽。國運昌，萬事興，我們期待武夷紅茶再現輝煌。

註：原載於《武夷山報》

國家圖書館出版品預行編目資料

怎樣泡一杯純紅茶／鄒新球主編.
第一版－－ 台北市：宇河文化出版；
紅螞蟻圖書發行，2006〔民 95〕
面　　公分，－－(茶風系列；20)
ISBN 978-957-659-575-2 (平裝)

1.茶 2.茶-製造
434.81　　　　　　　　　　95016049

茶風系列 20

怎樣泡一杯純紅茶

主　　編／鄒新球
發 行 人／賴秀珍
榮譽總監／張錦基
總 編 輯／何南輝
文字編輯／林芊玲
平面設計／林美琪
出　　版／宇河文化出版有限公司
發　　行／紅螞蟻圖書有限公司
地　　址／台北市內湖區舊宗路二段 121 巷 28 號 4F
郵撥帳號／1604621-1　紅螞蟻圖書有限公司
電　　話／(02)2795-3656 (代表號)
傳　　眞／(02)2795-4100
登 記 證／局版北市業字第 1446 號
港澳總經銷／和平圖書有限公司
地　　址／香港柴灣嘉業街 12 號百樂門大廈 17F
電　　話／(852)2804-6687
法律顧問／許晏賓律師
印 刷 廠／鴻運彩色印刷有限公司
出版日期／2006 年 9 月　第一版第一刷

定價 240 元　港幣 80 元

ISBN-13：978-957-659-575-2　　　　Printed in Taiwan
ISBN-10：957-659-575-4